高電圧・絶縁
システム入門

監修
吉野勝美

共著
小野田光宣

中山博史

上野秀樹

森北出版株式会社

● 本書のサポート情報を当社 Web サイトに掲載する場合があります．下記の URL にアクセスし，サポートの案内をご覧ください．

　　　　　　　　http://www.morikita.co.jp/support/

● 本書の内容に関するご質問は，森北出版 出版部「(書名を明記)」係宛に書面にて，もしくは下記の e-mail アドレスまでお願いします．なお，電話でのご質問には応じかねますので，あらかじめご了承ください．

　　　　　　　　editor@morikita.co.jp

● 本書により得られた情報の使用から生じるいかなる損害についても，当社および本書の著者は責任を負わないものとします．

■ 本書に記載している製品名，商標および登録商標は，各権利者に帰属します．

■ 本書を無断で複写複製（電子化を含む）することは，著作権法上での例外を除き，禁じられています．複写される場合は，そのつど事前に (社)出版者著作権管理機構（電話 03-3513-6969, FAX 03-3513-6979, e-mail：info@jcopy.or.jp）の許諾を得てください．また本書を代行業者等の第三者に依頼してスキャンやデジタル化することは，たとえ個人や家庭内での利用であっても一切認められておりません．

監修の言葉

　現代社会を支える基盤となって，我々の生活を豊かで便利なものとしているのは電気エネルギーである．この電気エネルギーを高効率で発生，輸送する上で高電圧化はきわめて重要で不可欠な技術となっているが，これを良質で，信頼できるものとし，かつ安全で長期間の使用を可能とならしめるのが絶縁技術，絶縁システムである．実際，超超高圧とよばれる100万V級送電が実現されている．

　ところが，高電圧・絶縁システムという言葉を聞いて，大多数の人，特に新しく電気・電子工学を学ぼうとする人にとっては，とても難しくて親しみにくく，また何となく怖いもののように思えるようである．さらに，ナノ，IT，環境，バイオなどの研究，開発が強く求められ盛んになっている昨今，何となく，高電圧・絶縁システムなどの技術は，すでに完成しており，あらためて最先端の研究開発を要するものでなく，産業としてもあまり期待されていないようなイメージをもたれがちである．しかし，高電圧の係る産業は広範できわめて重要であり，今後のさらなる発展が期待される．しかも，既述のように高電圧を利用する信頼できる電気エネルギーの供給が現代社会を支える上で，きわめて重要であり，環境に最大の配慮を払う必要がある21世紀においては益々重要なものとなる．逆にいうと，この技術が失われたときにはエネルギー供給が不安定となり，社会に大混乱をもたらすことは必定である．

　現実には，電気・電子産業界，電力業界を見渡してみると，これら高電圧，絶縁システムに精通した技術者が不足し始めており，これを軽視，座視すれば近い将来，致命的な問題が発生する可能性がある．世界を先導してきたわが国の高電圧技術，高電圧機器製造技術力が低下すれば，停電など重大な事故が発生したとき，その解決を諸外国に依存しなければどうにもならなくなる事態が生じてくる可能性さえあると考えられる．

　大学教育においても電気・電子分野のカバーする領域が著しく拡大する一方，大学の財務的制約も厳しくなったことから，電力，高電圧，絶縁システムの研

究教育を行う講座数が減少しつつあるのも事実である．ということは，これを学び力をつけた若い人たちの供給が十分でなくなるということに通じ，由々しき問題である．

筆者自身はナノ，ITを研究開発すると同時に高電圧，絶縁技術の研究にも従事してきたことからよくわかるが，実は，高電圧，絶縁技術はナノテクノロジーと密接に関連しているだけでなく，直感的にその原理や考え方が理解しやすく，また自らが新しい概念を発想し，大きく展開できる分野でもあるので，若者にとってもとても非常に魅力ある領域である．逆に，高電圧現象と技術を理解，会得した上で，ナノに関与すると非常に有効であり，新しい視点での材料，デバイスの開発が期待できる．すなわち，高電圧，絶縁技術は最先端テクノロジーでもあり，大きく進化する可能性を秘め，実際に急速に発展しつつある魅力的な分野である．

一方，初学者にとって，最も身近で，関心がもて，しかも直感的に電気・電子現象の本質を理解，把握するのには高電圧現象を学ぶのが最適である．たとえば，強烈な閃光と大気を切り裂くようなもの凄い雷鳴を伴った落雷，冬季に特に感ずる人が多いだろうが，静電気によるショックなど身の回りに色んな現象がある．

冬場にドアのノブに触った瞬間のショックと青白い火花，子供の頃みんなが遊んだ経験があろうが，プラスチックの下敷きを脇の下に挟んで擦り，これを頭に近づけると頭髪が逆立つ現象，シャツを脱ぐ瞬間にパチパチと音がする現象，テレビ画面に埃が付着する現象など，いわゆる静電気現象はミクロに見ると異なる物体が接触したとき，一方から他方へ電荷が移動し，蓄積することによる高電圧発生に起因している．また，はるかに大きなスケールの雷も，摩擦，粒子の剥離など同様なミクロな起源による電荷分離のための電圧発生がトコトン進んだ結果の現象であり，詳細に見ると非常に面白い．しかも，今なお未解明の点が残る現象である．さらに，スケールの大きい宇宙現象においては，とてつもない高電圧が発生し，驚異的な現象をもたらしている場面があると考えられ，我々の夢とロマンを掻き立てる．

面白いことに，これらの静電気による高電圧の発生は高エネルギー粒子加速器などに利用され，最先端の科学研究，分析，医療など多様な分野で活用され

ている．さらに，高電圧は電子顕微鏡，集塵機，コピー機，ディスプレイなど様々な最新機器に応用され，それらが機能する上で最も重要なものとなっており，また，半導体素子，デバイスの製造プロセスでも高電圧を利用した機器は様々な所で使われている．したがって，現代社会において高電圧は，普段目にするそびえ立つ送電鉄塔から直感的に理解できるように，電力輸送に不可欠であるだけでなく，高度情報社会を支える先端エレクトロニクスにおいてもきわめて重要で多岐にわたる応用分野があり，本来，学生にとってもとても馴染みやすい学問である．

また，ナノテクノロジーや比較的低電圧で動作する半導体デバイスの分野では，高電圧で重要な絶縁技術には縁がないように思われがちであるが，低電圧であってもそれがナノスケールの短距離にかかることになるときわめて高い電界となる．これは，まさに我々の日常生活に係る距離スケールにおいて高電圧を印加して発生する電界と同程度になり，同様な現象が現れるので，やはり電気絶縁が重要になる．すなわち，高電界が生ずるデバイス，機器においてやはり絶縁の問題は重要で，これが高電圧の場合と同じ考え方で理解でき，解決に導けるのである．実際，多くのエレクトロニクス機器，デバイスの故障，破壊の原因が静電気によることが結構あり，また人工衛星の通信途絶，制御が不能となる原因が宇宙線の照射による空間電荷の発生と蓄積によって発生した高電界が原因であったという場合も結構多い．

本書は，単に高電圧工学および絶縁システムを系統的に記述するのでなく，電気磁気学，誘電体，絶縁体など電気材料の基本的な考え方を随所に盛り込んで説明し，初学者でも直感的に理解でき，自然に楽しく高電圧工学，絶縁システムの基本と実践的な技術が学べるよう工夫されている．これが可能となったのは，著者らが高電圧，絶縁と共にナノ技術，材料技術などの研究開発にも参画してきたことから，新しい視点で執筆できたからである．したがって，本書は大学，高等専門学校の教科書としてはもちろん，初学者の入門書として，さらに専門技術者の参考書としても活用できる有益なものとなっている．

2007 年 2 月

吉野　勝美

まえがき

〈高電圧・絶縁システムを学ぶ方へ〉

　物理学は自然現象の中に潜む"もののことわり"を学ぶ学問であり，数少ない基本法則によってあらゆる現象を説明しようとし，工学を学ぶ上でもっとも重要な基礎学問である．これを建築物に例えると，基礎のしっかりした高層建築に相当し，高層建築の内部を探索することが，"勉強する"，"学習する"ということになる．言い換えれば，設計図さえあれば高層建築の内部に精通することができ，部屋の鍵をもち，鍵の開け方を知っていればどの部屋にも容易に入ることができる．

　電気，電子，情報工学に関する電気系の学問は，ちょうど上述のように例えることのできる学問領域で，昔から多くの電気工学者によって築き上げられた基本法則は，あらゆる電気現象に適用され，電気磁気学や電気回路という学問体系を構築し，電気系学問の土台となりゆるぎないものとして確立している．

　現在，電気系の学問体系は多種多様化し，あらゆる学問領域と融合しつつあり，学際的な新しい教育プログラムへと変革しつつある．このような教育環境の中で，筆者らは，大学の学部3年生を対象として高電圧工学およびその関連科目の講義をしている．これら電気系学問の勉強の仕方についても上述のことと似たところがある．教科書をパラパラとめくってみて，"こんなに多くのことを覚えるのは大変だなあ"と思うかもしれないが，勉強の仕方にも工夫が要り，コツがあることを知ってもらいたい．高電圧工学をはじめとする電気系の専門科目を理解するためには，電気磁気学や電気回路という学問体系の中に一貫している基本法則をよく理解することである．これは，ただ単に公式を覚えるという意味ではない．それを使っていろいろな問題を解いたり，身の回りの現象を理解し，解釈することができるような段階にまで到達しなければならない．このことは，くどいかもしれないが高層建築に例えると次のように考えることができる．ある高層マンションに住んでいる人が，"西の端に非常階段がある"と覚えただけでは不十分で，実際にその非常階段を何回か歩いてみて，はじめ

て自由自在に目的を達成できるようなものである．

　本書は，このような考えに従って，高電圧工学および絶縁システムを学ぶコツを習得できるように，電気磁気学の基本，誘電体の考え方など基礎事項について随所に盛り込んでおり，学ぶコツを習得できれば高電圧工学は大変楽しい学問であることがわかってくるだろう．また，高電圧工学を専門とするエンジニアの方の参考書にもなるよう工夫されており，より実践的な高電圧技術や絶縁システムについても記述している．

　終わりに，本書を執筆するにあたり図面の作成にご協力いただいた兵庫県立大学大学院博士後期課程の平田智之くんに対し心から感謝します．また，本書の出版にあたって尽力された森北出版株式会社出版部の山崎まゆさまはじめ関係各位に対し厚くお礼申し上げます．

　2007年2月

小野田光宣
中山　博史
上野　秀樹

●●● も く じ ●●●

第1章　高電圧・絶縁システムの概要 ・・・・・・・・・・・・・・・・・・・ 1
1.1　雷　　1
1.2　静電気　　2
1.3　電力輸送　　3
1.4　絶縁システム　　5
1.5　半導体分野の微細化　　5
演習問題1　　6

第2章　高電圧・誘電体工学の基礎過程 ・・・・・・・・・・・・・・・・・ 8
2.1　電磁気学の基礎　　8
2.2　誘電性　　19
2.3　静電界　　32
演習問題2　　38

第3章　誘電体の電気伝導と絶縁破壊現象 ・・・・・・・・・・・・・・ 41
3.1　気体の電気伝導と絶縁破壊　　41
3.2　液体の電気伝導と絶縁破壊　　54
3.3　固体の電気伝導と絶縁破壊　　58
3.4　複合誘電体と部分放電　　67
3.5　雷概説　　80
演習問題3　　85

第4章　高電圧・大電流の発生と測定 ・・・・・・・・・・・・・・・・・・ 87
4.1　インパルス高電圧，インパルス大電流　　87
4.2　交流高電圧の発生　　96

4.3　直流高電圧の発生　*98*
4.4　高電圧の測定　*103*
4.5　大電流の測定　*110*
4.6　高電圧関連測定技術　*114*
演習問題4　*122*

第5章　絶縁信頼性の測定・評価技術　*126*

5.1　絶縁劣化の要因と劣化形態　*126*
5.2　絶縁信頼性評価法　*132*
5.3　部分放電の検出と劣化診断技術　*137*
演習問題5　*146*

第6章　高電界現象の応用　*149*

6.1　蛍光放電管　*149*
6.2　プラズマディスプレイ　*150*
6.3　電界放出ディスプレイ　*151*
6.4　表面電界ディスプレイ　*152*
6.5　液晶ディスプレイ　*153*
6.6　有機電界発光ディスプレイ　*154*
6.7　燃料電池　*156*
6.8　電子ペーパー　*156*
6.9　電気集塵装置と空気清浄機　*158*
6.10　電子レンジ　*159*
6.11　複写機　*160*
6.12　オゾナイザー　*161*
演習問題6　*162*

演習問題解答　……………………………………… *164*
参考文献　……………………………………… *174*
付録　重要語解説　……………………………………… *175*
さくいん　……………………………………… *179*

第1章 高電圧・絶縁システムの概要

　高電圧になると，低電圧ではみられない放電現象などが現れる．蛍光灯，空気清浄機など，それらを積極的に利用するものが増えている．しかし，一方で，これらの放電による損失を抑えた効率的な電力輸送が求められている．このように，高電圧・絶縁システムの正しい知識がなくては，現代社会は成り立たない．この章では，身近な事例により，高電圧や絶縁の重要性や課題を理解してもらいたい．

1.1 雷

　自然界の高電圧の例として，雷を挙げる．雷は身近な存在で古くから知られているが，落雷に対する絶対的な防御対策は確立されておらず，図1.1のように送電鉄塔へ落ちるなど，大きな被害をもたらす．送電鉄塔と送電線は大地か

図1.1　送電鉄塔への落雷
　　　（音羽電機工業（株）"雷"写真コンテスト提供）

ら突き出ているので,雷電流の通路になる可能性が高い.

この写真の場合,鉄塔に落雷してその電位が上昇したために,送電線を支えるがいしの表面での放電光もみられる.

落雷による人畜の死傷,山林火災,あるいは建物の焼失は古代から人類の脅威であった.この雷が電気現象であることを最初に証明したのは,ベンジャミン・フランクリンである.1752年,彼は雷雨の際に凧を上げ,凧ひもの末端にワイヤをつけてライデン瓶に接続し,雷雲の帯電を証明する実験を行った.

では,なぜ雷雲にたまった電気が,絶縁体である大気を通って地上に達するのだろうか.それは,絶縁体にある一定以上の電圧がかかると,絶縁性を失い,電気を流すようになるからである.これは絶縁破壊とよばれる現象で,高電圧を扱う場合にはとても重要な問題である.

1760年にフランクリンは,フィラデルフィアのウエスト家に避雷針を建てた.これは落雷の被害をくい止めようとするはじめての試みで,現在においてもなおいろいろな工夫がなされている.

たとえば,図1.1のように電力を輸送する山間部の送電線は,雷の襲撃を受けやすいため,架空地線や避雷器などが設置されている.前者は送電線の上部に接地した線を張り,そこに落雷を導くことで送電線を守るものである.後者は落雷時に送電線の電位が異常に上昇することを防ぐ.私たちは,近代社会においても依然として雷の脅威にさらされている.雷雲に向けてピアノ線をつけたロケットを打ち上げ,目的のところに落雷させる研究やレーザ光線で落雷を誘発する研究も行われている.このように雷の脅威は,その絶縁の強化,信頼性の向上に向けた研究を進展させてきたともいえる.雷については3.5節でも述べる.

1.2 静 電 気

誰しも,冬場にドアのノブをさわって,ピリッときた経験はあるだろう.この静電気は,摩擦によって起こる現象である.これは二つの物体を摩擦すると,接触面積の増加などによって,正電荷をもつ原子核のまわりの電子がその軌道から離れる.その結果,摩擦によって電子が飛び出して正に帯電した物体と,

その電子を受け取って負に帯電した物体ができる．このように静電気は，ごく身近な現象であるが，水素やプロパンなどの可燃性ガスのタンク内で発生すると，大爆発を起こすなど，非常にやっかいな代物である．

他にも，電気の流れを遮断するためにいたるところに使われている絶縁物の表面あるいは内部に一端静電気がたまると，その電荷はなかなか減衰しないで，各方面でいろいろな障害を引き起こす危険性がある．たとえば，半導体素子が帯電すると，その電荷の動きで，半導体が誤動作する．また，人工衛星などで使用される大電力用プリント基板においては，高エネルギーの宇宙線などでつくられた電荷がプリント基板の絶縁物上で放電を起こし，問題視されている．

そして，高電圧の領域でも，絶縁油がその循環過程で摩擦帯電して，トランスが発火したりするような事故が起きているが，絶縁油の帯電防止の研究が活発に行われ，同様の事故を起こすことはなくなった．しかし，高電圧機器でコロナ放電が起こると，絶縁性のよい材料ほど電荷を蓄えてしまい，静電気放電による障害を引き起こすことがある．

1.3 電力輸送

わが国の総需要電力量は，昭和41年度に2 153億 kWhであったが，経済成長とともに増大し，平成16年度には8 654億 kWhとなった．このような電力需要に呼応して送電電圧も上昇し，現在500 kVの送電が行われている．なぜ，輸送する電力が大きくなると，送電電圧を上げる必要があるのかを考えよう．電力輸送時の損失は電流の自乗に比例する．同じ電力を輸送するとして，電圧をn倍に上げると，電流は，$1/n$に減少する．したがって，輸送時の損失は$1/n^2$になる．もちろん，送電電圧を上げると，送電線から電気が大気中に逃げるのを防ぐことや，鉄塔での電気絶縁をより強固にすることが求められる．

電力輸送に使用されるものに架空線と電力ケーブル，電力機器がある．電力ケーブル，電力機器などは30年以上という長期の信頼性を要求されるものが多い．したがって，短時間の絶縁性のみならず長期にわたる絶縁が大切である．その優劣が絶縁物の厚さを決めるので，絶縁性能がよければ電力ケーブル，電力機器の小型化が進むといえる．

たとえば，図 1.2 に示す超高圧の送電に用いられる CV ケーブルの絶縁物の厚さは，材料の品質向上により約 40 年間におよそ 46% も削減された．この厚さは計算上絶縁に必要な厚さの約 50 倍に相当するが，50 倍安全であるとはいえない．それは，雷やコロナ放電など，絶縁材料を破壊や劣化する要因が多くあるからで，設計するときには注意が必要である．

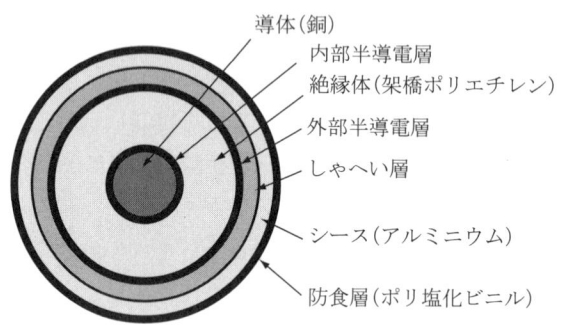

図 1.2　500 kV CV ケーブル

一方，ガス絶縁変電所などは，空気の 3 倍の絶縁性をもつ六フッ化硫黄ガスを用いることで，小型化が進んだ．理論上，体積では 1/27 に小型化が可能になり，都市部における変電所設置の課題であった用地問題を解決した．しかし，ガスで絶縁された空間には図 1.3 に示すようにいくつかの弱点を有している．

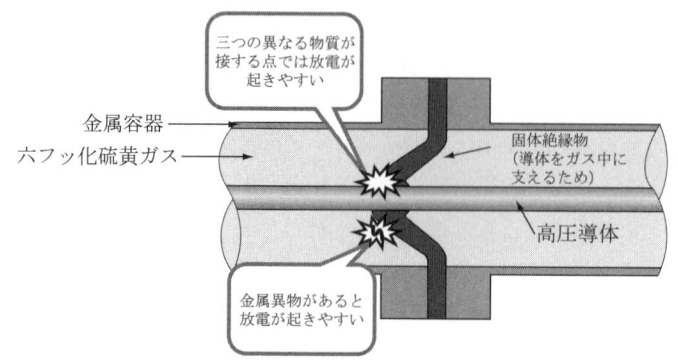

図 1.3　ガス絶縁機器の内部概略図

金属容器の製造時に混入する金属片の完全な除去が最終的に残された課題となるといわれている．小さな金属片であっても，その動きによっては，そこから発生するコロナ放電がガス空間を絶縁破壊させる可能性があるためである．詳しくは 5.3.1 項で述べる．また，六フッ化硫黄は温室効果ガスであるため，徹底した回収や再利用を行う必要がある．

1.4 絶縁システム

電力輸送を支える電力用機器に，回転機（発電機，電動機），ガス絶縁変圧器，ガス絶縁開閉装置，電力ケーブル，がいしなどがある．これらの機器には電気の漏れを防ぐ各種の絶縁材料が用いられている．もし，どれか一つの機器絶縁が弱くて破壊すると，即座に電力輸送は不可能となる．逆に，送電線を支える絶縁がいしの絶縁性を非常に強くすると，送電線に侵入する落雷に起因する異常電圧が高くなり，その結果，変圧器が破壊される．したがって，保護装置として避雷器が導入され，その高電圧を低く制限することで変圧器が保護される．このように信頼性の高い電力輸送を行うに当たっては，各機器の絶縁性能の向上のみならず，避雷器を含めた機器相互間の**絶縁協調**（付録参照）をシステムとしてとらえる合理的な絶縁設計が不可欠である．

1.5 半導体分野の微細化

半導体 LSI の分野においては，回路の線幅が微細化されて，集積度が 18～24 ヶ月ごとに倍になるという「ムーアの法則」が今後も続くと予想される．現在，線幅の加工寸法が 100 nm を切っており，2018 年あたりには 16 nm となることが予想されている．

MOS FET は，図 1.4 に示すようにゲート（gate）と半導体の間には絶縁酸化膜があり，ゲート電圧によって，ドレイン（drain）-ソース（source）間の電流を制御できる．ここで，MOS とは，Metal, Oxide, Semiconductor のことで，FET とは Field Effect Transistor のことである．この素子の集積度を増大すると素子寸法を縮小する必要があるため，酸化絶縁膜はさらに薄くなり，

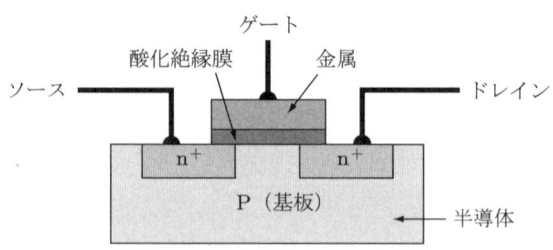

図 1.4　MOS FET の構造

絶縁破壊を誘発する可能性が高まる．

現在，半導体では線幅の微細化を競っているが，絶縁層の厚さがさらに薄くなると，印加電圧が低くても高電界が発生し，コロナ放電，絶縁破壊などが起こりやすくなるという問題がある．

演習問題　1

1 大電力を長距離輸送するとき，送電電圧を高くするのはなぜか．
2 電力機器の絶縁技術に関して未解決の課題について述べよ．

コラム　地球に届く太陽エネルギーは，全太陽エネルギーの約何%か

太陽は，人類が生活する上で不可欠なエネルギー源である．ここでは，地球上のエネルギー量の概容を知るため，地球に届く太陽エネルギーは，全太陽エネルギーの約何%かを計算してみよう．すなわち地球に届くエネルギーと太陽エネルギーとの比 K を求めればよい．

$$K = \frac{地球の断面積}{半径\ L\ の球の表面積} = \frac{\pi R^2}{4\pi L^2}$$
$$= 4.55 \times 10^{-10} \approx 5 \times 10^{-8}\ [\%]$$

ときわめて少ない．ただし，R は地球の半径：6 400 km，L は地球の公転半径：1.5 億 km

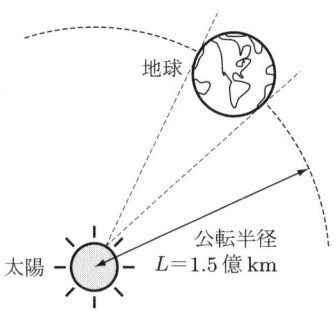

地球に届く太陽エネルギー

年間に地表に到達する太陽エネルギーはどの程度か

　大気圏の最上部で太陽放射に垂直な $1\,\mathrm{m}^2$ の面が受けるエネルギーを太陽定数といい，1秒間に $1\,368\,\mathrm{W/m^2}$ である．また，大気圏内に入った太陽エネルギーは雲や大気中の塵や大地などによって反射・吸収されるので，地表が吸収する太陽エネルギーの割合は49%となる．よって，求めるエネルギーは，

$$
\begin{aligned}
&（太陽定数）\times（地表吸収割合）\times（地球の断面積）\times（1\,年）\\
&= 1\,368 \times 0.49 \times \pi \times (6\,400 \times 10^3)^2 \times (24 \times 60 \times 60 \times 365) \\
&= 2.72 \times 10^{24}\ [\mathrm{J/年}]
\end{aligned}
$$

となる．この値を炭素換算すると，発熱量は $32.8\,\mathrm{kJ/g}$ だから，$8.3 \times 10^{19}\,\mathrm{gC/年} = 83\,\mathrm{TtC/年}$（$\approx 100\,\mathrm{TtC/年}$）を得る．ここで，T はテラと読み，$10^{12}$ を示す．また，C は炭素換算を示す．

第2章 高電圧・誘電体工学の基礎過程

本章では,高電圧・絶縁システムをはじめて学ぶときの「親しみにくさ」を少しでも軽減し,学びやすくするために,電気系学問の土台となり,ゆるぎのないものとして確立している電気磁気学や電気回路の基礎事項および誘電体の考え方などについて復習し,高電圧・絶縁システムの理解を深める.

2.1 電磁気学の基礎

2.1.1 静電気とクーロンの法則

幼い頃,プラスチックの下敷きを体でこすって髪の毛に近づけ,髪の毛を下敷きに引きつけさせ立たせて遊んだ経験がある人も多いと思う.また,空気の乾燥した冬季に衣服を脱いだり,ドアノブに触れたりすると"ぱちっ"と音がして火花が見えることもある.これらの現象は,異なった種類の物質を摩擦あるいは接触したときに起こり,摩擦電気または静電気とよばれている.このとき,他の物体を引きつける性質を示せば,物体には電荷が生じており,帯電したという.すなわち,物体が電荷を帯びることを帯電といい,この電荷は何もしない限り動かないので**静電気**とよばれる.

一般に,物質は正電荷をもつ原子核と,そのまわりを回っている負電荷をもつ電子からなる原子が多種多様に結合して構成されている.相異なる物質を接触させたとき,一方の物質内の電子が他方の物質へ移動すると,両者を引き離したとき電子を受け取った物質は負に**帯電**し,電子を与えた物質は正に帯電する.摩擦(接触)による帯電の詳細な機構はわかっていないが,異種電荷は互いに吸引し合い,同種電荷は逆に反発し合う.このような力を静電気力またはクーロン力という.また,電荷の量 Q を電気量ともいい,単位は [C] である.

静電気にはじめて人類が気づいたのは,紀元前頃のギリシャで,琥珀を布で擦ると軽い塵を吸引することを記した記録が残っている.その後,静電気に関する

研究が盛んになり，フランスの物理学者（工学者でもある）クーロン（Coulomb）は，電気磁気学の基本法則である静電気に関する**クーロンの法則**を提唱した．これは，図 2.1 に示すように，大きさが無視できるほど小さく，電荷が一点に集中した電荷を**点電荷**といい，**二つの点電荷 Q_1，Q_2 [C] を，距離 r [m] 離しておいたときに働く力 F [N] は，それぞれの電荷量の積に比例し，二つの電荷間の距離の 2 乗に反比例し，その力の方向は，二つの電荷を結ぶ直線上にある**，という法則である．この関係を A を比例定数として数式で示すと，下記のようになる．

$$F = A\frac{Q_1 Q_2}{r^2} \text{ [N]} \quad (2.1)$$

ここで，Q_1 と Q_2 が同符号のときは反発力となり，Q_1 と Q_2 が異符号のときは吸引力が働く．また，比例定数 A は電荷が存在している空間の誘電的性質に依存した数値で，

$$A = \frac{1}{4\pi\varepsilon} \quad (2.2)$$

で与えられる．ここで，ε は誘電率とよばれ分極の大きさを示す物理量であり，単位は [F/m] である．詳細は 2.2 節で述べるが，誘電的性質を物質の電気的観点から分類すると，導体，半導体，絶縁体となる．絶縁体のことを誘電体とよぶ場合があり，誘電体が電界中にあるとき誘電体を構成する正負電荷の重心位置がずれる現象を分極とよんでいる．また，分極現象の起こりやすさを示す物理量を**誘電率**といい，分極現象も含めて誘電的性質とよぶ．なお，真空の誘電率 ε_0 は $\varepsilon_0 = 8.854 \times 10^{-12}$ [F/m] であり，空気の誘電率は ε_0 とほぼ等しい．

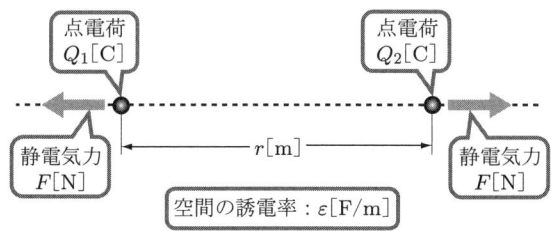

図 2.1　静電気力

したがって，真空中および空気中に点電荷がおかれた場合の定数 A_0 は，

$$A_0 = \frac{1}{4\pi\varepsilon_0} = 8.99 \times 10^9 \cong 9 \times 10^9 \ [\mathrm{Nm^2/C^2}] \tag{2.3}$$

と求まるので，クーロンの法則から，1 C の電荷量は，二つの等しい点電荷を 1 m 離したとき，点電荷間に 9×10^9 N の力が働く場合に相当することになる．なお，日常生活で経験する静電気現象で現れる電荷量は $10^{-12} \sim 10^{-9}$ C 程度である．これは，3.5 節で述べる落雷の電荷量が数 10 C であることと比べると，きわめて小さいことがわかる．

6.11 節で述べる複写機は，このような静電気現象を応用した機器の一つである．また，このクーロンの法則は，物理学でよく知られているニュートンの万有引力の法則と全く同じ形式で与えられる．しかし，これらの力がなぜ距離の 2 乗に反比例するかは十分わかっていない．

2.1.2 電界とは

クーロンの法則からわかるように，ある点電荷の近くに別の点電荷をおくと両点電荷間には静電気力が作用する．これは，言い換えると点電荷のまわりに電気的な力が作用する空間が存在するためと考えることができ，静電気力が作用している空間を**電界**または**電場**という．電界は大きさと方向をもつベクトルで，両者を合わせて電界の強さとよび，単位は [V/m] である．電界の強さは，「**ある電界中に単位正電荷（+1 [C]）をおいたとき，その電荷に作用する静電気力 F を電界の大きさ E [V/m] といい，静電気力の方向を電界の方向とする**」と定義されている．すなわち，図 2.1 の Q_1 [C] を Q [C]，Q_2 [C] を +1 [C]，とすれば，図 2.2 に示すように +1 [C] に作用する静電気力 F はクーロンの法則から $F = \dfrac{1}{4\pi\varepsilon}\dfrac{Q}{r^2}$ [N] で与えられるので，その点における電界の大きさ E は，

$$E = \frac{1}{4\pi\varepsilon}\frac{Q}{r^2} \ [\mathrm{V/m}] \tag{2.4}$$

で与えられ，電界の方向は静電気力の方向と一致する．図 2.2(a) で示すように +1 [C] を Q [C] におき換えると，Q [C] の電荷に

$$F = \frac{1}{4\pi\varepsilon}\frac{Q}{r^2}Q$$

の静電気力が作用する．この力は，図 (b) に示すように電界の大きさ E の中に電荷 Q [C] をおいたときに，その電荷に作用する静電気力 F を表している．すなわち，$F = QE$ [N] となる．

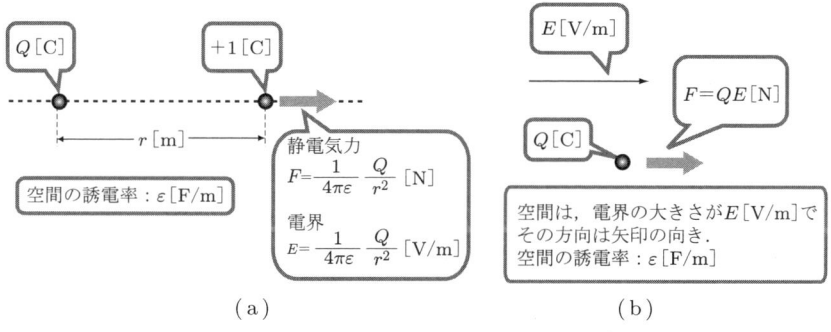

図 2.2　静電気力と電界

電界の様子（性質）を知るために導入された仮想線である**電気力線**を用いて電界の大きさを定義すると，「**電界の大きさ E [V/m] は単位面積あたりの電気力線数 n [本/m²] に等しい**」となる．いま，誘電率 ε の空間におかれた電荷 Q [C] から何本の電気力線が出ているかを考える．図 2.3 に示すように Q [C] の点電荷を中心とする半径 r [m] の球面を考えると，この点電荷から出る電気力線は放射状に広がり，球面を垂直に貫いている．球面上の電界の大きさ E [V/m] は，

$$E = \frac{1}{4\pi\varepsilon}\frac{Q}{r^2} \text{ [V/m]} \tag{2.5}$$

と与えられるので，球面上を貫く単位面積あたりの電気力線の数 n は，

$$n = \frac{1}{4\pi\varepsilon}\frac{Q}{r^2} \text{ [本]}$$

ということになる．中心の電荷 Q [C] から出る電気力線の総数 N は，この球面全体を貫く電気力線の総数 N に等しいので，

$$N = \frac{1}{4\pi\varepsilon}\frac{Q}{r^2} \times 4\pi r^2 = \frac{Q}{\varepsilon} \tag{2.6}$$

となる．すなわち，$Q\,[\mathrm{C}]$ の電荷からは総数 $Q/\varepsilon\,[本]$ の電気力線が出ている．

この関係式はガウスの定理として知られている．しかし，同じ電荷 $Q\,[\mathrm{C}]$ でも誘電体の種類によって誘電率 ε が異なり，電気力線数が変わるので扱いにくく不便である．そこで，新たに**電束**という概念を導入する．$Q\,[\mathrm{C}]$ の電荷からは $Q\,[\mathrm{C}]$ の電束が出ていると仮定することにより，誘電率の差を無視することができる．単位は $[\mathrm{C}]$ である．電束と垂直に交わる単位面積あたりの電束数を**電束密度** D といい，単位は $[\mathrm{C/m^2}]$ である．したがって，図 2.3 に示すように，誘電率 ε の空間中の点 O に点電荷 $Q\,[\mathrm{C}]$ をおき，$r\,[\mathrm{m}]$ 離れた任意の点 P における電束密度 D は，半径 $r\,[\mathrm{m}]$ の球の表面積は $4\pi r^2$ だから

$$D = \frac{Q}{4\pi r^2}\ [\mathrm{C/m^2}]$$

となる．点 P における**電気力線密度**すなわち電界の大きさは

$$E = \frac{Q}{4\pi\varepsilon r^2}\ [\mathrm{V/m}]$$

だから，

$$D = \varepsilon E \tag{2.7}$$

の関係が得られる．電束密度は誘電体の性質や振る舞いを考える上できわめて重要な物理量であり，詳細は 2.2 節で述べる．

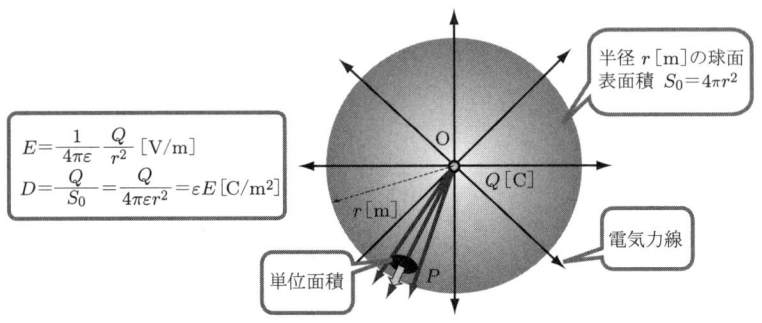

図 2.3　点電荷と電気力線

例題 2.1
面積 100 cm^2 を垂直に貫く電束が 50 C のとき,電束密度はいくらか.

解答
電束 Q [C] と面積 S [m^2] を用いて,電束密度 D は,

$$D = \frac{Q}{S} = \frac{50}{100 \times 10^{-4}} = 5 \times 10^3 \text{ [C/m}^2\text{]}$$

となる.

2.1.3 電磁誘導の法則

古代ギリシャ人は,琥珀を擦ると軽いものを引きつけるという静電気現象とともに,磁鉄鉱は擦らなくても鉄などの金属だけを引きつける不思議な磁気現象を見い出している.静電気に関するクーロンの法則が発表されてから,磁気現象でも静電気現象と同様のクーロンの法則が成り立つことがわかった.すなわち,大きさが無視できるほど小さく,磁極が一点に集中した磁極を**点磁極**といい,二つの点磁極間に働く力は,二つの磁極を結ぶ直線上にあり,力の大きさはそれぞれの磁極の強さ(磁荷という)の積に比例し,二つの磁荷間の距離の 2 乗に反比例する,というもので,磁気に関するクーロンの法則とよばれている.このことや,落雷によって鉄鉱石が磁化されることから,静電気現象と磁気現象には,互いに切り離すことのできない何か深い関係がありそうだということが示唆されていた.磁気に関するクーロンの法則で決定される力 F を磁気力といい,磁荷の大きさ m [Wb] の磁極が磁界 H [A/m] 中にあるとき,この磁極には $F = mH$ [H] の磁気力が作用することになる.ちなみに,磁界の強さとは,「ある磁界中に単位正磁極(**+1 [Wb]**)をおいたとき,その磁極に作用する磁気力 F を磁界の大きさ H **[A/m]** といい,磁気力の方向を磁界の方向とする」と定義されている.すなわち,m [Wb] の磁極を透磁率 μ [H/m](物質の磁気的性質を示す物理量)の空間においたとき,磁極から r [m] 離れた任意の点における磁界 H は,

$$H = \frac{1}{4\pi\mu} \frac{m}{r^2} \text{ [A/m]} \tag{2.8}$$

で与えられる．磁界の様子（性質）を把握するために**磁力線**という仮想線が導入され，この磁極から出る磁力線数 n は，$n = m/\mu$ [本] で与えられる．しかし，これでは磁極をおいた空間の性質によって磁力線の数が変化することになるので扱いにくい．そこで，「磁極の強さが同じならば，空間の種類に関係なく一定の磁力線が出る」と考え，m [Wb] の磁極からは m [Wb] の磁束が出るとした．磁束と直角に交わる単位面積あたりの磁束の数を磁束密度 B といい，単位は [T]（テスラ）または [Wb/m^2] を用いる．したがって，m [Wb] の磁極からでる全磁束数は m [Wb] だから，m [Wb] の磁極を透磁率 μ [H/m] の空間においたとき，磁極から r [m] 離れた任意の点における磁束密度 B は，

$$B = \frac{m}{4\pi r^2} = \mu \frac{m}{4\pi \mu r^2} = \mu H \text{ [T]} \qquad (2.9)$$

と求まる．なお，空間が真空の場合，真空の透磁率 μ_0 は，$\mu_0 = 4\pi \times 10^{-7}$ H/m である．また，ある物質の透磁率 μ と真空の透磁率 μ_0 の比を比透磁率 μ_r といい，$\mu_r = \mu/\mu_0$ で定義される．

例題 2.2

真空中の任意の点における磁界の大きさが 30 A/m のとき，その点の磁束密度はいくらか．

解答

式 (2.9) より，磁束密度 B は，

$$B = \mu_0 H = 4\pi \times 10^{-7} \times 30 = 12\pi \times 10^{-6} = 3.77 \times 10^{-5} \text{ [T]}$$

となる．

電流の磁気作用の発見者は，デンマークの物理学者エルステッド（Oersted）であり，当時は"電流の変化が磁界を生じる"と考えたようである．フランスの物理学者アンペール（Ampere）は，電流が流れている導体のまわりには磁界が発生し，"平行に並べた 2 本の導線があるとき，同方向に電流を流すと導線間には引力が作用し，反対方向に電流を流すと導線間には斥力が作用する"ということを見出している．すなわち，電流が磁石として振る舞う（電流は磁石をつくる）ということができる．一方，イギリスの物理学者ファラデー（Faraday）

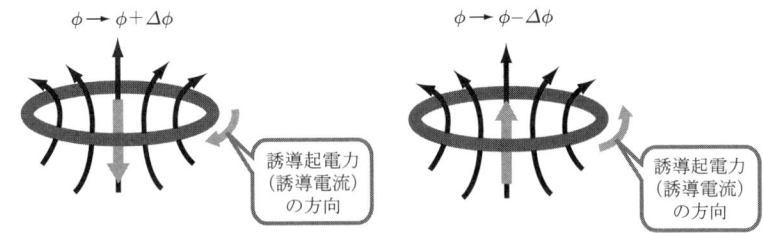

図 2.4 電磁誘導

は，"磁石が電流をつくることができるのではないか"と考え，次のような**電磁誘導現象**を発見した．すなわち，図 2.4 に示すように**コイルを貫く磁束**が時間的に変化すると，**コイルには起電力が発生する**という現象で，電磁誘導によって発生した起電力を**誘導起電力**，流れた電流を**誘導電流**という．このとき，"誘導電流は，磁束の変化を妨げる方向に生じる"という**レンツの法則**が成立する．

巻数 N のコイルに発生する誘導起電力 e [V] は，時間 Δt [s] 間に磁束鎖交数（鎖交磁束ともいう）が $\Delta \phi$ [Wb] だけ変化すれば，

$$e = -N \frac{\Delta \phi}{\Delta t} \text{ [V]} \tag{2.10}$$

で与えられる．これを**ファラデーの電磁誘導の法則**という．ここで，負号はアンペアの右ねじの法則とは逆方向に電流が流れるように誘導起電力が発生する方向，言い換えればレンツの法則が成立する方向を示している．

例題 2.3

巻数 100 のコイルを貫く磁束が，5 秒間で 0 から 4×10^{-3} Wb に変化したとき，このコイルに生じる誘導起電力を求めよ．

解答

コイルに生じる誘導起電力の方向と大きさは，式 (2.10) に数値を代入して，

$$e = -N \frac{\Delta \phi}{\Delta t} = -100 \times \frac{4 \times 10^{-3} - 0}{5} = -0.08 \text{ [V]} \qquad \text{と求まる．}$$

2.1.4 電磁誘導とその影響

高電圧工学では電磁誘導の影響は，主として架空電線路（鉄塔，鉄柱などに電線をがいしで絶縁して取り付ける電線路のこと）が通信線と平行に敷設されているときに現れる．すなわち，「電線路が平行して敷設されているとき，ファラデーの電磁誘導の法則によって，一方の電線路を流れる電流が形成する磁界（磁束）により他方の電線路に誘導電圧を発生する」という現象が**電磁誘導障害**となり，それには次のようなものがある．

- **事故時誘導電圧**：送電線の故障電流による誘導電圧によるもの．
- **常時誘導電圧**：負荷電流基本波による誘導電圧によるもの．
- **雑音電圧**：負荷電流の高周波成分による誘導電圧によるもの．

なお，事故時誘導電圧は常時誘導電圧よりも大きいので，事故時対策を十分施せばほとんど問題ない．しかし，最近は架空電線路の通信線への近接敷設がなされており，雑音電圧を抑制するために高周波雑音対策が重要な課題となっている．

例題 2.4

真空中におかれた無限に長い直線状の導線に，一定の大きさ I の電流が流れている．導線上に x 軸をとり，電流の向きを x 軸の正の向きとする．ここで，図 2.5 のように，(x, y) 面上におかれた半径 r の円形ループを一定の速度 v で y 軸に沿って正の向きに運動させる．ループの電気抵抗を R，真空の透磁率を μ_0 とするとき，以下の設問に答えよ．ただし，ループの抵抗は十分大きく，ループを流れる誘導電流による磁場（磁界）の影響（自己誘導）は無視できるものとする．

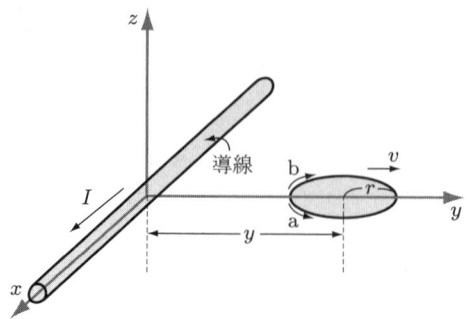

図 2.5　誘導起電力

(1) 直線電流 I が y 軸上の点 $(0,y,0)$ につくる磁界の大きさと向きを答えよ。ただし、$y>0$ である。

(2) ループの中心が $(0,y,0)$ を通過するとき，ループに生じる誘導起電力の大きさを求めよ。ただし，$r \ll y$ であり，ループを貫く磁束密度の平均は，ループの中心における磁束密度に等しいとみなせるものとする．

(3) この誘導起電力により，ループに流れる電流の向きは図2.5のa, bのどちらか、また，このときのループが直線電流 I から受ける力の向きを答えよ。

(4) この誘導起電力の大きさを E とするとき，ループを一定の速度 v で動かすために外から加えた力の大きさを，R, E, v を用いてあらわせ．

解答

(1) 磁界の大きさを H とすると，アンペアの周回積分より $H = \dfrac{I}{2\pi y}$ と求まる．よって，方向は z 軸方向となる．

(2) $r \ll y$ だからループ内での磁束密度 B はループの中心で一定とみなす．すなわち，真空の透磁率は μ_0 だから，

$$B = \frac{\mu_0 I}{2\pi y}$$

と求まる．したがって，ループを貫く磁束 Φ は，

$$\Phi = \int_s B\,ds = B\pi r^2 = \frac{\mu_0 I}{2\pi y}\pi r^2 = \frac{\mu_0 I}{2y}r^2$$

となる．したがって，ファラデーの電磁誘導により誘導起電力 E は，

$$E = -\frac{\partial \Phi}{\partial t} = -\frac{\partial \Phi}{\partial y}\frac{\partial y}{\partial t} = \left(-\frac{\mu_0 I}{2}r^2 v\right)\left(-\frac{1}{y^2}\right) = \frac{\mu_0 I r^2}{2}\frac{v}{y^2}$$

となる．

(3) この運動によりコイルを貫く磁束は減少するので，レンツの法則によって z 軸方向の磁束を補償することになるので，**aの方向に起電力が生じる**．よって流れる電流もaの方向に流れる．ループにおいて導体に近いほうが磁束密度 B が大きく，同方向に電流が流れるので**引力が働く**．

(4) 単位時間あたりの仕事 P は，外力を F とすると $P = Fv$，ループを流れる電流 i は起電力が E でその抵抗が R であるから，$i = E/R$ となる．このとき，ループで消費される電力 P' は，$P' = Ei$ である．したがって，外力によってなされた仕事 P はループで消費される電力 P' と等しいので $P = P'$, すなわち

$Fv = iE = E^2/R$ となる．したがって，求める外力 F は，

$$F = \frac{E^2}{Rv}$$

と求まる．

> **コラム　静電気の大きさを計算してみよう**
>
> スリッパでカーペットの上を歩き，ドアのノブをもつと，ピリッときたことを経験する．ここで歩いたときに発生する静電気について調べよう．まず，人間に電気がたまるが，その入れ物の大きさ（静電容量）を見積もってみる．
>
> $$C = \frac{\varepsilon_0 \varepsilon_r S}{d} \qquad (1)$$
>
> ここで，C は静電容量，ε_0 は真空の誘電率，ε_r は比誘電率，S は靴底の面積，d は靴底とカーペットの厚さの和である．
>
> この式を使って C を求めると，$C = 100 \sim 300$ pF となる．
>
> 次に，もう一つの公式を使う．
>
> $$Q = CV \qquad (2)$$
>
> ここで，Q は電荷，C は静電容量，V は電圧である．水をコップに入れたときを考えよう．電荷 Q は水に相当し，静電容量 C はコップの大きさ，電圧 V は水の高さに相当する．
>
> 電気の入れ物が小さいと，わずかな電荷（静電気）があっても，そこの電圧が高くなる．この電圧が低いと静電気放電は起こらないが，摩擦が起こる場所の静電容量は小さいので，少しの電荷で放電が可能になる．もちろん，この放電を起こす間隔が短いことも必要条件になる．身の回り発生する静電気は 5 000～20 000 V 程度である．ここで，帯電した人間の手とドアのノブの間での放電エネルギーを求めると，人間の静電容量が 100 pF で，帯電した電圧が 5 000 V のときに 1.25×10^{-3} J となる．もし，電圧が 4 倍に上がれば，放電エネルギーはその自乗となり，16 倍に跳ね上がる．

2.2 誘電性

2.2.1 誘電体，分極，誘電率

物質の電気伝導には**電子伝導**と**イオン伝導**がある．電子伝導は電子や正孔が寄与するが，イオン伝導は正負のイオンが寄与し，不純物由来のイオンが関与することが多い．物質固有の性質として伝導電子をもたない原子構造の電気絶縁体を誘電体といい，電界により分極する．この性質を誘電性という．誘電体と絶縁体は，示している物質は同じであるが，誘電体は誘電性，絶縁体は電気伝導性の観点からよばれている名称である．

図 2.6 に示すように，分極は誘電体に電界を印加したとき誘電体を構成する正および負電荷の重心がずれて生ずる現象である．この正電荷と負電荷が離れている状態を**電気双極子**とよぶ．正電荷の中心位置のずれ δ は電界の大きさ E に比例し，電荷の合計はゼロであるが，そのまわりに電界を形成する．$\pm q$ の電荷が δ だけ離れて電気双極子を形成している様子を図 2.7 に示す．$q\delta$ を**双極子モーメント**という．

均質な誘電体の示す分極には次の三種類ある．

- **電子分極**：物質を構成する原子核と電子の相対的な位置のずれによるもので，すべての物質で生じる現象である．
- **原子分極**：イオン結晶などにみられる分極で，正電荷を有する原子と負電荷

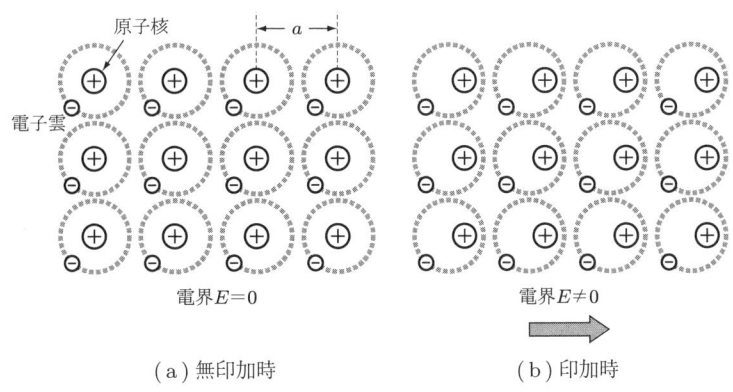

図 2.6 電子分極

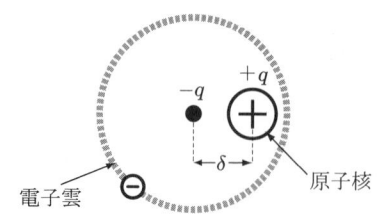

図 2.7 電気双極子

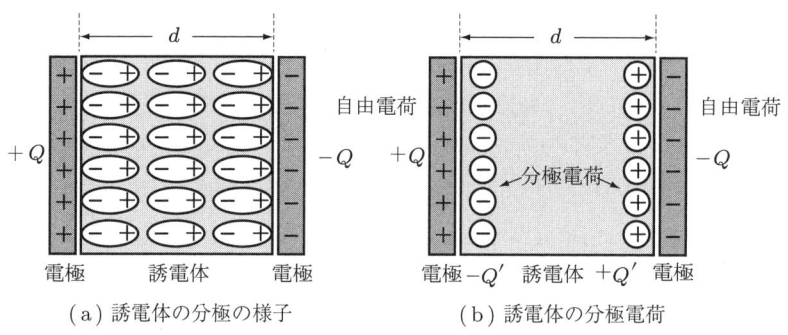

(a) 誘電体の分極の様子　　(b) 誘電体の分極電荷

図 2.8 平行平板電極間の誘電体

を有する原子の位置の相対的な変位によって生じる.
- **配向分極**：極性分子の双極子が電界方向に配向することにより起こる分極である. 配向分極は C-Cl の双極子をもつポリ塩化ビニルのような極性基をもつ多くの物質で起こる.

図 2.8(a) のように，2 枚の平行平板電極の間に誘電体をはさみ，それぞれの電極に $+Q$ と $-Q$ の電荷を与えると，電荷によって発生する電界によって誘電体中の原子が分極する. このとき，誘電体内部では，隣り合った電気双極子どうしの正と負の電荷は打ち消されるが，誘電体の両端は打ち消されないため，同図 (b) に示すように両端に電荷 $-Q'$，$+Q'$ が現れる. このようにして，電界中におかれた絶縁体に生じる電荷を**分極電荷**という. 絶縁体が誘電体ともよばれるのは，電荷を誘起する物質であることに由来している. なお，分極電荷は与えたり取り出したりできる電荷と異なり，絶縁体の外に取り出すことのできない電荷であり，与えたり取り出したりできる電荷を分極電荷と区別して**自由**

電荷と名付ける．この自由電荷は一般に**真電荷**とよばれている．

ここで原子間距離を a とすると，原子1個あたりの分極電荷は，それぞれ $-q\delta/a$，$+q\delta/a$ で与えられる．単位体積あたりの原子数を n とすれば，誘電体の厚さ d，電極面積 S とすると誘電体中の原子数は ndS となる．また，誘電体の厚さ方向には d/a 個の原子が存在するので，面積 S の表面では $ndS \times a/d$ 個の原子が並んでいる．したがって，分極電荷の量は

$$\frac{q\delta}{a} \times ndS \times \frac{a}{d} = nq\delta S$$

で与えられるので，単位面積あたりの分極電荷は $nq\delta$ となり，単位体積中の電気双極子モーメントを示している．

次に，誘電体が分極することによって誘電体中の電界の強さがどのように変化するかを考える．図 2.9(a) のように，真空中において電極の面積が $S\,[\mathrm{m}^2]$ の平行平板電極の一方に $+Q\,[\mathrm{C}]$，他方に $-Q\,[\mathrm{C}]$ の電荷が蓄えられているとする．電極の大きさは電極間隔に比べて十分広く，電極間に一様電界ができるものとする．電極間に何も挿入されていない場合，電極上の面電荷密度 $\sigma\,[\mathrm{C/m}^2] = Q/S$ だから，電荷が電極間につくる電界の強さ $E_0\,[\mathrm{V/m}]$ は，

$$E_0 = \frac{Q}{\varepsilon_0 S} \qquad (2.11)$$

となる．

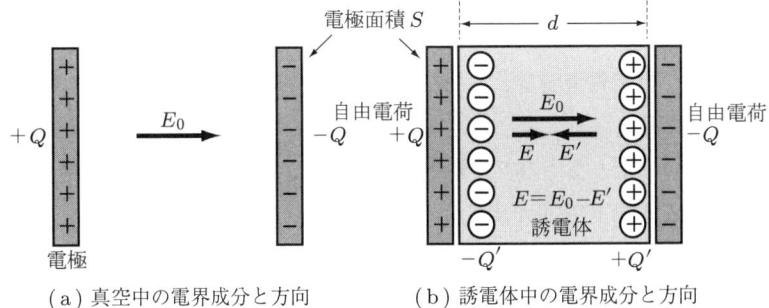

(a) 真空中の電界成分と方向　　(b) 誘電体中の電界成分と方向

図 2.9　誘電体中の電界の強さ

一方，同図 (b) のように誘電体を電極間に挿入した場合，分極電荷 Q' [C] が誘電体の両側に誘起される．分極電荷のつくる電界の向きはもとの電界 E_0 の向きと反対であり，その強さ E' [V/m] は

$$E' = \frac{Q'}{\varepsilon_0 S} \tag{2.12}$$

である．

結局，誘電体中の電界の強さ E は，E_0 が E' だけ打ち消されて小さくなり，

$$E = E_0 - E' = \frac{Q - Q'}{\varepsilon_0 S} = \frac{Q}{\varepsilon_0 S}\left(1 - \frac{Q'}{Q}\right) = E_0\left(1 - \frac{Q'}{Q}\right) \tag{2.13}$$

となる．式 (2.13) が誘電体中の電界と分極電荷を結びつける関係式である．すなわち，**分極電荷 Q' が大きくなると，誘電体中の電界 E は小さくなる**．ここで，

$$\varepsilon_r = \frac{\varepsilon}{\varepsilon_0} \tag{2.14}$$

真空の誘電率 ε_0 に対する誘電体の誘電率 ε の比を**比誘電率** ε_r という．

ガウスの法則から，真空中で電荷 $+Q$ [C] から出る電気力線数は，Q/ε_0 [本] である．ここで，ε_0 は真空の誘電率である．したがって，電荷は同じでも媒質が変わると電気力線の本数が変わるので，電界の強さ E を媒質の誘電率 ε 倍した物理量を導入し，

$$D = \varepsilon E = \varepsilon_0 \varepsilon_r E \tag{2.15}$$

を定義する．D は**電束密度**とよばれるベクトル量の大きさであり，電束密度を表す線を**電束線**という．また，電束線の集まりを**電束**という．電束線の本数は電気力線数の ε 倍となるので，**電荷のまわりの媒質には関係なく**，$+Q$ [C] の電荷からは Q [本] の電束が出ている．

図 2.9(b) において，真電荷 $+Q$ から出た Q [本] の電束は，誘電体中を通って $-Q$ の電荷に終わる．このとき，誘電体中の電束密度 D は Q/S であるから，誘電体中の電界の強さ E は，

$$E = \frac{Q}{\varepsilon S} = \frac{Q}{\varepsilon_0 \varepsilon_r S} \tag{2.16}$$

となる．ここで，式 (2.13)，(2.16) から

$$\frac{Q}{\varepsilon_0 S}\left(1-\frac{Q'}{Q}\right)=\frac{Q}{\varepsilon_0 \varepsilon_r S} \tag{2.17}$$

となり，比誘電率 ε_r は

$$\varepsilon_r = \frac{1}{1-\dfrac{Q'}{Q}} = \frac{Q}{Q-Q'} \tag{2.18}$$

となる．式 (2.17) が比誘電率と分極電荷を結びつける関係式であり，比誘電率は分極電荷がどのくらい生じているかを表している．

2.2.2 複素誘電率の考え方

2.2.1 項では，静電界を印加したのち，分極が十分平衡に達した状態について記述した．このような一定電界で分極が完結した状態での誘電率 ε を静誘電率という．電界を印加したとき，分極が時間とともに増加して平衡値に達する現象を分極の**遅延現象**という．分極の形成に遅延がみられる場合には，一度形成した分極が電界を除去し，消滅するときにも時間を要する．これを分極の**緩和現象**とよぶ．分極が電界の時間変化に完全には追随しないので，誘電率も時間的に変化すると考えなければならない．たとえば，図 2.10(a) のコンデンサにおいて，電圧が時間の関数 $V(t)$ である場合，誘電率がどのようになるか考えると，ある周波数の交流電圧 $V(t)=V_0 e^{j\omega t}$ に対して，誘電率は周波数 ω の関数となる．

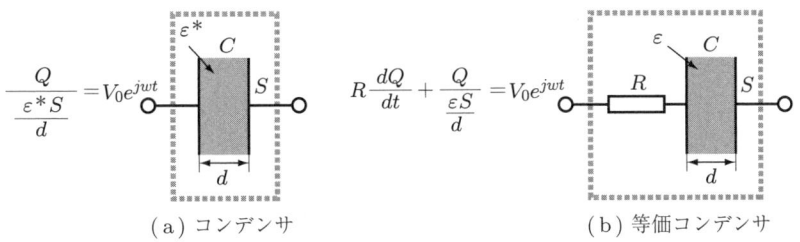

(a) コンデンサ (b) 等価コンデンサ

図 **2.10** 複素誘電率 ε^* の考え方

電圧の変化に対して，分極が追随して起こらないような誘電体（誘電率 ε^*）をはさんだ図 2.10(a) において，時間的に変化する電圧 $V(t) = V_0 e^{j\omega t}$ を印加したとき，ε^* をどのように定義したらよいだろうか．ε^* の性質上，印加電圧に対して分極の形成（充電）と消滅（放電）に遅れが生じる．同図 (b) のように，分極が瞬時に起こるような誘電率 ε_0 の誘電体をはさんだ静電容量 C と，抵抗 R が直列になっている構成では，電圧の増減により R を通して徐々に充放電するので同図 (a) と (b) は等価である．そこで，複素誘電率 ε^* は次式となる．

$$\varepsilon^* = \left(\frac{\varepsilon_0}{1 + R^2 \varepsilon_0^2 \frac{S^2}{d^2} \omega^2} \right) - j \left(\frac{R \varepsilon_0^2 \frac{S}{d} \omega}{1 + R^2 \varepsilon_0^2 \frac{S^2}{d^2} \omega^2} \right)$$
$$= \varepsilon' - j\varepsilon'' \tag{2.19}$$

ここで，$\varepsilon_0 S/d = C$ とすれば，式 (2.19) は以下のようになる．

$$\varepsilon^* = \frac{\varepsilon_0}{1 + R^2 C^2 \omega^2} - j \frac{\varepsilon_0 R C \omega}{1 + R^2 C^2 \omega^2} \tag{2.20}$$

すなわち，分極に遅れがあるような誘電体の誘電率 ε^* は周波数 ω によって変わる複素数の形で与えられる．言い換えれば，$Q = CV$，$C = \varepsilon^* S/d$ が交流電界でも成立するためには，ε^* を複素数の形で考えればよい．R が小さいということは，誘電体の分極に要する時間遅れが小さいことを意味しており，ω が 0 なら虚数部がなくなり，$\varepsilon^* = \varepsilon_0$ となり 2.1 節で述べた誘電率になる．

ε^* を**複素誘電率**，ε' を誘電率とよび，直流の場合の誘電率と区別するため「′」をつける．ε'' は**誘電損率**とよばれ，図 2.11 に示すような角度 δ を**誘電損角**，$\tan \delta$ を**誘電正接**とよぶ．$Q = CV$ から

$$Q = \frac{\varepsilon^* S}{d} V_0 e^{j\omega t} = \frac{|\varepsilon^*| S}{d} V_0 e^{j(\omega t - \delta)} \tag{2.21}$$

となるから，電圧 $V_0 e^{j\omega t}$ の印加で誘起される電荷 Q を決めるものは $|\varepsilon^*|$ である．Q の位相は，印加電圧のそれに比べて δ だけの遅れを示している．式 (2.19) あるいは図 2.11 から，ε' が一定でも ε'' を大きくすれば $|\varepsilon^*|$ は大きくなるから，Q を大きくすることができる．しかし，この場合は ε'' とともに誘電損が増加し，誘電体内で発熱が起こり，電力が消費される．電気部品に使用する各種絶

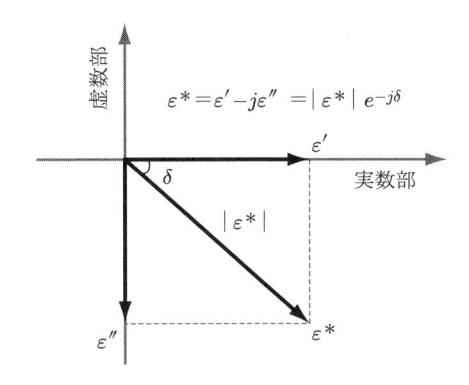

図 2.11　誘電損角 δ

縁体では，ε'' が大きいことが不都合となる．

図 2.10(a) において外部からなされる仕事，消費エネルギーを考える．ある時刻 t のとき，印加電圧が $V(t) = V_0 e^{j\omega t}$ で，そのとき dQ の電荷が流れれば，外部から $V\,dQ$ の仕事がなされる．電圧 V は $T = 2\pi/\omega$ の時間を1周期とする周期で変化するので，その1周期について考えればよい．1周期を4等分して，各 1/4 周期ごとに消費されるエネルギーを計算すると，

$$W_1 = \int_{t=0}^{t=\frac{1}{4}\frac{2\pi}{\omega}} V\,dQ = -\frac{1}{2}\frac{\varepsilon' S}{d}V_0^2 + \frac{\pi}{4}\frac{\varepsilon'' S}{d}V_0^2 \tag{2.22}$$

$$W_2 = \int_{t=\frac{1}{4}\frac{2\pi}{\omega}}^{t=\frac{1}{2}\frac{2\pi}{\omega}} V\,dQ = +\frac{1}{2}\frac{\varepsilon' S}{d}V_0^2 + \frac{\pi}{4}\frac{\varepsilon'' S}{d}V_0^2 \tag{2.23}$$

$$W_3 = \int_{t=\frac{1}{2}\frac{2\pi}{\omega}}^{t=\frac{3}{4}\frac{2\pi}{\omega}} V\,dQ = -\frac{1}{2}\frac{\varepsilon' S}{d}V_0^2 + \frac{\pi}{4}\frac{\varepsilon'' S}{d}V_0^2 \tag{2.24}$$

$$W_4 = \int_{t=\frac{3}{4}\frac{2\pi}{\omega}}^{t=\frac{2\pi}{\omega}} V\,dQ = +\frac{1}{2}\frac{\varepsilon' S}{d}V_0^2 + \frac{\pi}{4}\frac{\varepsilon'' S}{d}V_0^2 \tag{2.25}$$

W_1 の第1項は，符号から誘電体が外部にする仕事を表している．W_2 の第1項は，外部からなされる仕事，W_3 の第1項は，外部にする仕事，W_4 の第1項は，外部からなされる仕事で誘電体に蓄えられるエネルギーに相当する．言い換えれば，ε' で決まる各第1項は電気エネルギーの排出と貯蔵の繰り返しで，誘電体内ではエネルギーの消費がないことを示している．

一方，ε'' が関係する第 2 項は常に外部から誘電体にエネルギーが供給されていることを示しており，誘電体内におけるエネルギー損失に対応している．したがって，1 周期 $T = 2\pi/\omega$ に起こる損失 W_T は，

$$W_T = \frac{\pi \varepsilon'' S}{d} V_0^2 \tag{2.26}$$

となるので，単位時間あたりに消費されるエネルギー $W_{1\mathrm{s}}$ は，

$$W_{1\mathrm{s}} = \frac{\omega}{2\pi} W_T = \frac{1}{2} \omega \varepsilon'' S d E^2, \qquad E = \frac{V_0}{d} \tag{2.27}$$

である．すなわち，ε'' は単位電界（$E = 1$）の下で，1 サイクル中に単位体積（$Sd = 1$）の誘電体内で消費される損失電力であることがわかる．

例題 2.5

図 2.10(a) で表されるコンデンサに，$V = V_0 e^{j\omega t}$ なる交流電圧を印加したとき，流れる電流 I は次式で与えられることを示せ．

$$I = \frac{dQ}{dt} = \frac{S}{d}(j\omega\varepsilon' V + \omega\varepsilon'' V)$$

解答

コンデンサの静電容量を C^* とし，流れる電流を I とすると，

$$I = \frac{dQ}{dt} = \frac{d(C^* V)}{dt} = j\omega C^* V = j\omega \frac{\varepsilon^* S}{d} V$$

となる．ここで，複素誘電率 ε^* は，$\varepsilon^* = \varepsilon' - j\varepsilon''$ で与えられるので，

$$I = \frac{S}{d}(\omega\varepsilon'' V + j\omega\varepsilon' V) = \frac{S}{d}(\omega\varepsilon'' + j\omega\varepsilon')V$$

となる．したがって，流れる電流 I は，図 2.12 に示すように充電電流成分 I_C と損失電流成分 I_l のベクトルの和で表される．

$$I_C = j\omega\varepsilon' \frac{S}{d} V, \qquad I_l = \omega\varepsilon'' \frac{S}{d} V$$

ここで，理想的な誘電体よりなるコンデンサの場合には，分極の形成に時間遅れがないので印加電圧に対して $\pi/2$ 位相の進んだ充電電流 I_C のみが流れる．しかし，一般に，分極の形成に時間遅れのある誘電体でコンデンサは形成されているので，

損失電流 I_l が流れ,流れる全電流 I は,$\pi/2$ 位相の進んだ充電電流 I_C よりも δ だけ位相が遅れる.誘電正接 $\tan\delta$ は,

$$\tan\delta = \frac{|I_l|}{|I_C|} = \frac{\varepsilon''}{\varepsilon'}$$

で表され,損失電流成分 I_l の充電電流成分 I_C に対する割合を示しており,物質の誘電損率 ε'' の誘電率 ε' に対する比で与えられる.

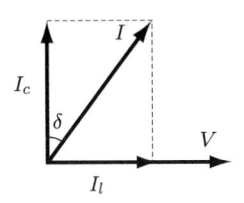

図 **2.12** 誘電体中の電圧と電流の関係

例題 2.6

式 (2.22),(2.23),(2.24),(2.25) を導出せよ.

解答

図 2.10(a) で表されるコンデンサの静電容量 C^* は,$C^* = \varepsilon^* S/d$ だから,$V = V_0 e^{j\omega t}$ なる交流電圧を印加したとき,コンデンサに蓄えられる電荷 Q は,

$$Q = C^* V = \varepsilon^* \frac{S}{d} V_0 e^{j\omega t}$$

で与えられる.このとき流れる全電流 I は,

$$I = \frac{dQ}{dt} = j\omega \frac{|\varepsilon^*|S}{d} V_0 e^{j(\omega t - \delta)}$$

となる.エネルギー消費に寄与するのは,電流 I および電圧 V の実数部で,それぞれ I_r,V_r とすると

$$I_r = -\omega \frac{|\varepsilon^*|S}{d} V_0 \sin(\omega t - \delta), \qquad V_r = V_0 \cos\omega t$$

で与えられる.したがって,単位時間あたりの消費エネルギーは

$$\Delta W = V_r I_r = -\omega \frac{|\varepsilon^*|S}{d} V_0^2 \sin(\omega t - \delta)\cos\omega t$$

だから，1 周期の消費エネルギーは，

$$W = \int \Delta W = -\omega \frac{|\varepsilon^*|S}{d} V_0^2 \int \sin(\omega t - \delta)\cos\omega t\, dt$$

となる．したがって，1 周期を 4 等分して消費エネルギーを求めると，

$$W_1{}_{t=0}^{t=\frac{1}{4}\frac{2\pi}{\omega}} = -\frac{|\varepsilon^*|S}{d} V_0^2 \left(\frac{1}{2}\cos\delta - \frac{\pi}{4}\sin\delta\right)$$

$$W_2{}_{t=\frac{1}{4}\frac{2\pi}{\omega}}^{t=\frac{1}{2}\frac{2\pi}{\omega}} = -\frac{|\varepsilon^*|S}{d} V_0^2 \left(-\frac{1}{2}\cos\delta - \frac{\pi}{4}\sin\delta\right)$$

$$W_3{}_{t=\frac{1}{2}\frac{2\pi}{\omega}}^{t=\frac{3}{4}\frac{2\pi}{\omega}} = -\frac{|\varepsilon^*|S}{d} V_0^2 \left(\frac{1}{2}\cos\delta - \frac{\pi}{4}\sin\delta\right)$$

$$W_4{}_{t=\frac{3}{4}\frac{2\pi}{\omega}}^{t=\frac{2\pi}{\omega}} = -\frac{|\varepsilon^*|S}{d} V_0^2 \left(-\frac{1}{2}\cos\delta - \frac{\pi}{4}\sin\delta\right)$$

となり，$\tan\delta = \varepsilon''/\varepsilon'$ から $\varepsilon' = |\varepsilon^*|\cos\delta$ および $\varepsilon'' = |\varepsilon^*|\sin\delta$ が得られるので，これを代入すると，

$$\begin{aligned}
W_1{}_{t=0}^{t=\frac{1}{4}\frac{2\pi}{\omega}} &= -\frac{|\varepsilon^*|S}{d} V_0^2 \left(\frac{1}{2}\cos\delta - \frac{\pi}{4}\sin\delta\right) \\
&= -\frac{1}{2}\frac{\varepsilon'S}{d} V_0^2 + \frac{\pi}{4}\frac{\varepsilon''S}{d} V_0^2 \\
W_2{}_{t=\frac{1}{4}\frac{2\pi}{\omega}}^{t=\frac{1}{2}\frac{2\pi}{\omega}} &= -\frac{|\varepsilon^*|S}{d} V_0^2 \left(-\frac{1}{2}\cos\delta - \frac{\pi}{4}\sin\delta\right) \\
&= +\frac{1}{2}\frac{\varepsilon'S}{d} V_0^2 + \frac{\pi}{4}\frac{\varepsilon''S}{d} V_0^2 \\
W_3{}_{t=\frac{1}{2}\frac{2\pi}{\omega}}^{t=\frac{3}{4}\frac{2\pi}{\omega}} &= -\frac{|\varepsilon^*|S}{d} V_0^2 \left(\frac{1}{2}\cos\delta - \frac{\pi}{4}\sin\delta\right) \\
&= -\frac{1}{2}\frac{\varepsilon'S}{d} V_0^2 + \frac{\pi}{4}\frac{\varepsilon''S}{d} V_0^2 \\
W_4{}_{t=\frac{3}{4}\frac{2\pi}{\omega}}^{t=\frac{2\pi}{\omega}} &= -\frac{|\varepsilon^*|S}{d} V_0^2 \left(-\frac{1}{2}\cos\delta - \frac{\pi}{4}\sin\delta\right) \\
&= +\frac{1}{2}\frac{\varepsilon'S}{d} V_0^2 + \frac{\pi}{4}\frac{\varepsilon''S}{d} V_0^2
\end{aligned}$$

が導出される．

例題 2.7

式 (2.19) で与えられる複素誘電率 ε^* を導出せよ．

解答

図 2.10(a) に示す $\dfrac{Q}{\dfrac{\varepsilon^* S}{d}} = V_0 e^{j\omega t}$ と，同図 (b) に示す $R\dfrac{dQ}{dt} + \dfrac{Q}{\dfrac{\varepsilon_0 S}{d}} = V_0 e^{j\omega t}$ の 2 式から Q を消去して整理すると得られる．すなわち，$\dfrac{Q}{\dfrac{\varepsilon^* S}{d}} = V_0 e^{j\omega t}$ から

$$Q = \left(\dfrac{\varepsilon^* S}{d}\right) V_0 e^{j\omega t}, \quad \dfrac{dQ}{dt} = j\left(\dfrac{\varepsilon^* S}{d}\right) \omega V_0 e^{j\omega t}$$

となる．これらを

$$R\dfrac{dQ}{dt} + \dfrac{Q}{\dfrac{\varepsilon_0 S}{d}} = V_0 e^{j\omega t}$$

に代入すると

$$jR\left(\dfrac{\varepsilon^* S}{d}\right)\omega V_0 e^{j\omega t} + \dfrac{\left(\dfrac{\varepsilon^* S}{d}\right) V_0 e^{j\omega t}}{\dfrac{\varepsilon_0 S}{d}} = V_0 e^{j\omega t}$$

を得る．整理して $jR\varepsilon_0\left(\dfrac{\varepsilon^* S}{d}\right)\omega + \varepsilon^* = \varepsilon_0$ だから，

$$\varepsilon^* = \dfrac{\varepsilon_0}{1 + jR\varepsilon_0 \dfrac{S}{d}\omega} = \dfrac{\varepsilon_0}{1 + R^2\varepsilon_0^2 \dfrac{S^2}{d^2}\omega^2} - j\left(\dfrac{R\varepsilon_0^2 \dfrac{S}{d}\omega}{1 + R^2\varepsilon_0^2 \dfrac{S^2}{d^2}\omega^2}\right)$$

を得る．

例題 2.8

複素誘電率 ε^* はなぜ $\varepsilon' + j\varepsilon''$ でなく $\varepsilon' - j\varepsilon''$ で表されるのか説明せよ．

解答

コンデンサでは電圧 V を印加することによって電極上に電荷 Q が遅れて現れるので，ちょうど力学的変形における応力 T を加えてから歪 S が遅れて起こることに対応する．このとき，フックの法則が成り立つとすれば応力 T は歪 S に比例し，

$T = (G' + jG'')S = G^*S$ となり弾性率 G^* は複素数となる．応力 T を加えてから歪 S が遅れて起こるので，

$$S = \frac{T}{G^*} = \frac{T}{G' + jG''} = \frac{T(G' - jG'')}{G'^2 + G''^2} = \frac{TG'}{G'^2 + G''^2} - j\frac{TG''}{G'^2 + G''^2}$$

となり，

$$S = (K' - jK'')T = K^*T$$

である．比例係数 K^* は $K^* = 1/G^*$ で与えられる複素数で，複素コンプライアンスとよばれる．コンデンサでは，電圧 V を加えることが力学的変形の応力 T を加えたことに対応すると考えられる．すなわち，$Q = C^*V$ の関係がこれに対応する．ここで，$C^* = \varepsilon^*S/d$，$\varepsilon^* = \varepsilon' - j\varepsilon''$ である．

コラム　コンデンサの性質とエネルギー貯蔵

　コンデンサ（キャパシタともいう）は 2 枚の金属板を向かい合わせ，その間に誘電体を挿入したもので，電荷を蓄えることのできる電子素子である．いま，二枚の電極間に v [V] の電圧を加えると，電極にはそれぞれ $+q$ [C]，$-q$ [C] の電荷が蓄えられ，$q = Cv$ の関係がある．ここで，C はコンデンサの静電容量とよばれ，単位は [F]（ファラッド）である．

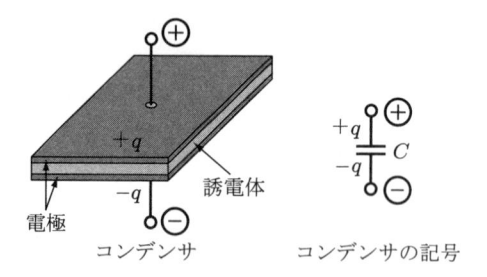

　いま，コンデンサに i [A] の電流を流したとすれば，i は

$$i\frac{dq}{dt} = C\frac{dv}{dt}$$

で与えられる．ここで，ある時刻 t における q は，t より前の時刻の影響を強

く受けており,

$$q = \int_{-\infty}^{0} i(\tau)\,d\tau + \int_{0}^{t} i(\tau)\,d\tau = q_0 + \int_{0}^{t} i(\tau)\,d\tau$$

で与えられる．ここで，第1項目の q_0 は，$t=0$ においてコンデンサが蓄えている電荷を示しており，コンデンサの端子電圧 v は,

$$v = \frac{q_0}{C} + \frac{1}{C}\int_{0}^{t} i(\tau)\,d\tau = v_0 + \frac{1}{C}\int_{0}^{t} i(\tau)\,d\tau$$

となる．コンデンサの容量 C が時間に対して一定で直流電圧が印加されたとすれば，$dv/dt = 0$ から電流は流れない．しかし，C が時間的に変化し，交流電圧 $v(t)$ が印加された場合には,

$$i(t) = \frac{dq(t)}{dt} = \frac{d}{dt}\{C(t)v(t)\} = C(t)\frac{dv(t)}{dt} + \frac{dC(t)}{dt}v(t)$$

となる電流が流れる．このとき，$\dfrac{dC(t)}{dt}$ はコンダクタンスとして作用することがわかる．

一方，コンデンサで消費される瞬時電力 $p_C(t)$ は

$$p_C(t) = v(t)i(t)$$

だから時間 $t = 0 \sim T$ の間にする仕事 $W_C(T)$ は,

$$W_C(T) = \int_{0}^{T} p_C(t)\,dt = \int_{0}^{T} v(t)i(t)\,dt$$

となる．すなわち，$i(t)\,dt = dq(t)$ で与えられるので,

$$W_C(T) = \int_{q(0)}^{q(T)} v(t)\,dq(t)$$

となる．ここで，C 一定で q と v の間に線形関係があり，$q(0) = 0$ とすると，コンデンサに蓄えられるエネルギーは,

$$W_C(T) = \frac{1}{C}\int_{0}^{q(T)} q(t)\,dq(t) = \frac{q^2(T)}{2C} = \frac{1}{2}Cv^2(T)$$

で与えられる．

2.3 静電界

電気工学においては，電圧や電流を取り扱う場面が多い．高電圧工学，絶縁工学においても，電圧，電流は重要であるが，誘電体・絶縁体における現象を決めるもっとも重要な要因は，それらにかかる電界であることに注意する必要がある．ここでは，高電界下での誘電体・絶縁体の振る舞いを理解するのに先立ち，電磁気学における静電界と電位に関する基本式を示し，各種電極配置における電界，電位の様相について述べる．

2.3.1 電界と電位

電荷が分布している空間に別の電荷をおいた場合，おかれた電荷にはクーロン力が作用する．この電荷に作用を及ぼす空間を電界，その作用の大きさを電界の強さとよぶ．点電荷 Q を電界 E においたとき，点電荷に働く力は，$\boldsymbol{F} = Q\boldsymbol{E}$ で表されることは 2.1.2 項で述べた．また，$\boldsymbol{F}$，$\boldsymbol{E}$ はベクトル量であり，$\boldsymbol{E}$ の大きさが電界の強さということになる．

次に，電界内のある点 A から点 B に電荷 Q を任意の経路で動かすのに要する仕事を求めると，

$$W = -\int_A^B Q\boldsymbol{E}\,d\boldsymbol{s} = V_{BA} \tag{2.28}$$

となる．V_{BA} は点 A に対する点 B の電位とよび，経路によらない値となる．点 A を無限遠にとって求まる値 V_B が点 B の電位となる．すなわち，**電界 $\boldsymbol{E}$ は電位（ポテンシャル）V** を用いて表すと，

$$\boldsymbol{E} = -\operatorname{grad} V \tag{2.29}$$

となる．

また，電界に関するガウスの法則は，真空中の誘電率 ε_0，体積電荷密度 ρ とすると，

$$\operatorname{div}(\varepsilon_0 \boldsymbol{E}) = \rho \tag{2.30}$$

である．したがって，式 (2.29) と式 (2.30) から次式が導かれる．

$$-\varepsilon_0 \operatorname{div}(\operatorname{grad} V) = \rho \tag{2.31}$$

また，直交座標系では，

$$\nabla^2 V = \frac{\partial^2 V}{\partial x^2} + \frac{\partial^2 V}{\partial y^2} + \frac{\partial^2 V}{\partial z^2} = -\frac{\rho}{\varepsilon_0} \tag{2.32}$$

が得られる．この関係式は**ポアソンの方程式**とよばれ，この式を用いることによって，静電ポテンシャルV，電位分布を求めることができる．実際の電位分布を求める場合には，導体等の境界条件を満足するように決める必要があり，その解を得ることは容易ではない．

静電ポテンシャルVが求められたならば，直交座標系における電界Eは，次式によって知ることができる．

$$E_x = \frac{\partial V}{\partial x}, \quad E_y = \frac{\partial V}{\partial y}, \quad E_z = \frac{\partial V}{\partial z} \tag{2.33}$$

また，電荷のない空間では，体積電荷密度$\rho = 0$であるので，

$$\nabla^2 V = \frac{\partial^2 V}{\partial x^2} + \frac{\partial^2 V}{\partial y^2} + \frac{\partial^2 V}{\partial z^2} = 0 \tag{2.34}$$

となり，一般にこの方程式を解くことによって，導体の帯電によって空間につくられる静電界を決定することができる．この式は**ラプラスの方程式**とよばれる．

静電界分布，電位分布を視覚的にわかりやすく表すために**電気力線**および**等電位面**が用いられる．電気力線については 2.1.2 項で述べたが，以下に挙げる二つを満たすような線群として定義されている．

① 描かれた線上の任意の点での接線がその点における電界の方向を表す．
② 描かれた線の密度（単位面積あたりの本数）がその場所における電界の大きさを表す．

いま，空間におかれた点電荷$+Q$は，この点から外に向けてに電界をつくるので，電気力線は中心から放射状に描かれる．この点電荷を中心として半径rの球面を考えたとき，球面での電界Eは球面に垂直でその大きさは，式(2.5)に与えられているように$E = Q/(4\pi\varepsilon_0 r^2)$であるので，この球面上の電気力線は単位面積あたり$E$本となる．したがって，球面の面積は$4\pi r^2$であるから，球面の全電気力線の数は，式(2.6)にあるようにQ/ε_0本となる．図 2.13 に二

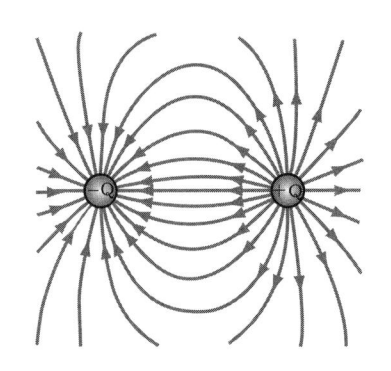

図 2.13　二つの点電荷による電気力線

つの点電荷による電気力線を示しているが，電気力線は互いに交わることなく，正電荷からはじまり負電荷に終わるか，始点あるいは終点の一方が無限遠に延びる線となる．

また，等電位面は電界内の空間的における電位の等しい点の集まりによって表される．また，等電位面内方向には電界はなく，電界 $\boldsymbol{E} = -\operatorname{grad} V$ であるので，電界は電位 $V = $ 一定 である面と直交する．それゆえ，**電気力線と等電位面は常に直交する**ことになる．

例題 2.9

x 軸上の点 $x_1, x_2, x_3, \ldots, x_n$ に点電荷 $q_1, q_2, q_3, \ldots, q_n$ が存在する．これらの点と任意の点 P とを結ぶ直線が x 軸となす角を $\theta_1, \theta_2, \theta_3, \ldots, \theta_n$ としたとき，点 P を通る電気力線は $\sum q_i \cos \theta_i$ で表されることを示せ．

解答

図 2.14 に示すように，点 P と点 Q を通る曲線 PQ を 1 本の電気力線とすれば，曲線 PQ を x 軸のまわりに回転させてできる曲面 PQ を貫く電気力線は存在しない．したがって，点 P の回転によってできる円と点 Q の回転によってできる円を貫く電気力線の本数は同じである．

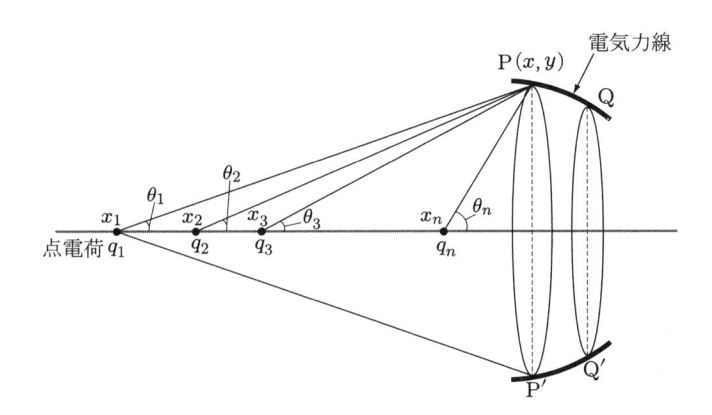

図 2.14 複数の点電荷による電気力線

いま，点 x_1 と点 P の回転によってできた円 PP' がつくる立体角 ω_1 は，

$$\omega_1 = 2\pi(1 - \cos\theta_1)$$

と表される．また，点電荷 q_1 からでてこの円を貫く電気力線の本数 N_1 は，次式で示される．

$$N_1 = \frac{q_1}{4\pi\varepsilon_0}\omega_1 = \frac{q_1}{2\varepsilon_0}(1 - \cos\theta_1)$$

よって，点電荷 $q_1, q_2, q_3, \ldots, q_n$ のすべてを考えた場合，この円を貫く電気力線の数 N は次式で表せる．

$$N = \sum N_i = \frac{1}{2\varepsilon_0}\sum q_i(1 - \cos\theta_i) = 一定$$

さらに，

$$\sum q_i(1 - \cos\theta_i) = \sum q_i - \sum q_i \cos\theta_i = 一定$$

したがって，電荷 $q_1, q_2, q_3, \ldots, q_n$ とその分布が決まれば，方程式

$$\sum q_i \cos\theta_i = 一定$$

によって電気力線を知ることができる．

2.3.2　平等電界と不平等電界

　ラプラスの方程式を解くことによって静電界分布を求めることができる．図 2.15 に示したようなもっとも簡単な電極配置の一つである平行平板の電界分布を考えてみる．無限に大きい平行平板電極（図 2.15(a)）において，電極間に電圧 V を印加したとき，電極間距離を d とすると，電極間の電界 E は，$E = V/d$ となり，静電界分布は一様である．このような電界を**平等電界**とよぶ．

　これに対して，有限の大きさの平行平板電極における電界分布を，後述する有限要素法によって求めた結果を図 2.15(b) に示している．中央部分では無限大の場合と同じく電界分布は一様であるが，電気力線（図では曲線でなくベクトルとして現されている）は電極端で密度が高く，また電極端から外側に同心円を描くように広がる．それにともない，等電位面は放射状に伸びていることがわかる．すなわち，電極端部では中央部に比べて大きな電界となる．これは**電界集中**とよばれ，このように一様でない電界は**不平等電界**とよばれる．

　電界集中，不平等電界の部分では，後述する局部的な放電が引き起こされやすいため，機器の絶縁破壊事故の原因となる．電界集中，電界の不平等性を緩和するためには，電気力線が集中しないよう等電位面に沿うような丸みを電極端部に設ければよく，そのような電極の例として，**ロゴウスキー電極**が有名である．

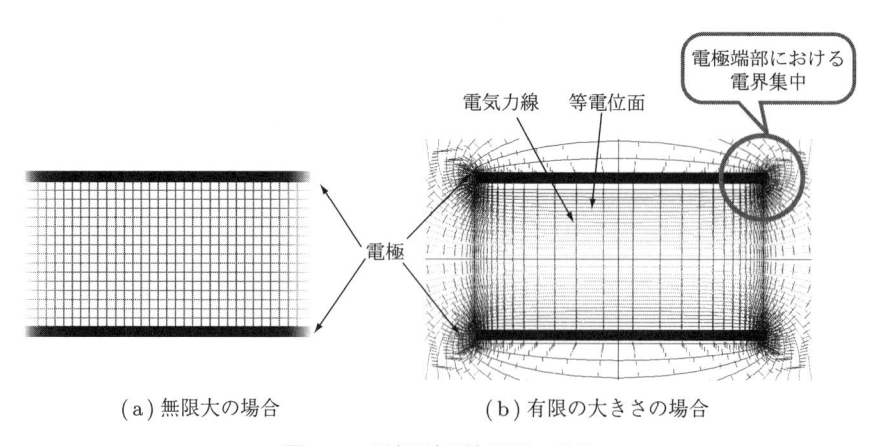

図 2.15　平行平板電極配置の電界
(a) 無限大の場合　　(b) 有限の大きさの場合

実際に用いられる電極配置は，平行平板電極だけでなく，同軸円筒，同心球，平行円筒，球対球，円筒対平板，球対平板，針対平板など多様である．表2.1にいくつかの例について配置と電界をまとめた．

表 2.1

名称	平行平板	同軸円筒	平行円筒	円筒対平板
配置	(図)	(図)	(図)	(図)
軸上電界	$\dfrac{V}{d}$	$\dfrac{V}{r\ln\dfrac{R}{r_0}}$	$\dfrac{\sqrt{c^2-1}\,V}{2\left[(c-1)(r+x)-\dfrac{x^2}{2r}\right]\ln(c+\sqrt{c^2-1})}$ (ただし $c=\dfrac{a}{2r}$)	$\dfrac{2\sqrt{h^2-r^2}}{(h^2-r^2-x^2)\ln\dfrac{h+\sqrt{h^2-r^2}}{r}}V$

ラプラスの方程式から解析解が求まる電極配置は限られており，最近ではコンピュータを用いた数値計算による電界解析が一般的に行われている．数値計算法としては以下に挙げる四つが主に用いられている．

① **差分法**

電界の存在する空間を格子で分割し，各格子点の電位を隣接する点でテーラー展開し，ラプラスの方程式を各格子点の電位による差分方程式とする方法．

② **有限要素法**

電界の存在する領域を微小面積あるいは微小体積に分割し，領域の静電エネルギーが最小になるような電位分布を求める方法．

③ **電荷重畳法**

電極表面の電荷を電極内部の有限個の仮想電荷でおき換え，仮想電荷のつくる電位が電極の表面での電位（印加電圧）と一致するように電荷分布を求める方法．

④ **表面電荷法**

電極表面を細かく分割し，各要素の表面電荷密度を電極電位と一致する

ように仮定し，それをもとに領域内任意の点の電位，電界を求める方法．いずれの方法においても，計算精度，計算時間などに長所短所がある．

演習問題 2

1 問図 2.1 の同軸円筒の軸上電界，最大電界を求めよ．また，電気力線，等電位面の概略を図示せよ．

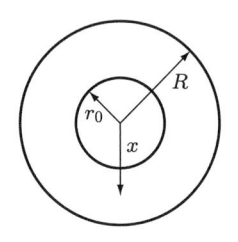

問図 2.1

2 不平等電界とはどのような状況をさすのか述べよ．また，不平等電界が電力機器に及ぼす影響について説明せよ．

3 問図 2.2 のように点 A に点電荷 $+q$ が，点 B に点電荷 $-q$ がおかれており，点 A と点 B の間隔は $2a$ である．このとき，点 A と点 B を含む平面上に形成される電気力線と等電位面を求めよ．

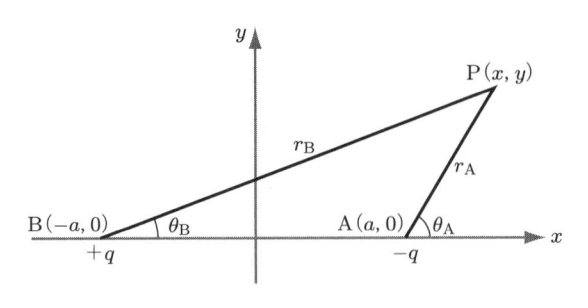

問図 2.2

コラム　消費エネルギーについて

　人間の消費エネルギーは，人間の生命維持活動にともなうものとそれ以外の豊かな人間生活を営むためのものからなる．人間が生きるために使う必要最低限のエネルギーである基礎代謝量は，年齢によって異なる．男性の場合，1～2 歳で 700 kcal，5～17 歳で 1 610 kcal，18～29 歳で 1 550 kcal，30～49 歳で 1 450 kcal，50～69 歳で 1 350 kcal である．女性の場合は男性の約 8 割の値である．一日の総消費エネルギー（標準代謝量）は一般的な事務の場合に，基礎代謝量の 1.3 倍程度となり，プロスポーツ選手の場合にはその 1.9 倍程度となる．そこで，1 日に 2 000 kcal の食事をとる人間のエネルギーを電力と比較するために，単位を変換してみよう．

$$\frac{2\,000 \times 1\,000 \times 4.2 \text{ J}}{3\,600 \times 24 \text{ s}} = 97.2 \text{ J/s} \approx 100 \text{ W}$$

これより，成人は 100 W の電灯に相当するエネルギーを常時使っているといえる．他のほ乳類の標準代謝量と体重の関係から，（標準代謝量）$\propto$（体重）$^{0.75}$ が求められている．ここで，簡単のために物体を半径 r の球と仮定し，その体積と表面積の比をとると，

$$\frac{4\pi r^2}{(4/3)\pi r^3} = \frac{3}{r}$$

　これは体積が増す（r の増加）と単位体積当たりの放熱面積は小さくなり，熱放散によるエネルギー損失が小さくなることを示す．このことおよび活動状態の違いのために標準代謝量が体重に比例しない要因になっていると考える．逆にいうと，小さな動物は熱放散によるエネルギー損失を補うために，単位体重当たりでは多量のエネルギーを補給しなければ生命が維持できないことを示している．

　わが国の一般家庭の 1 ヶ月の平均電力消費量は，約 300 kWh である．上述した 100 W の電灯を 4 人家族が 1 ヶ月使い続けると，約 300 kWh になる．もちろん，これは食事で摂取するエネルギーを電力で賄うとした場合のものである．

　昭和 53 年度のわが国の総需要電力量は 5 040 億 kWh であったが，平成 16 年度に 8 654 億 kWh となり，平成 27 年度には 9 430 億 kWh と予測されている．このような電力需要の増大に対応するために，新しい電源が開発されて長

距離送電が行われている．さらに送電中の電力損失は電流の自乗に比例するので，電圧を高くし，電流を抑えるのが得策である．そのために，送電電圧は時代とともに上昇の一途をたどってきた．昭和 48 年に 500 kV 送電が開始された．一部にはさらなる電力需要に対処する 1 000 kV 送電用の電力設備が導入されている．このような送電電圧の超高電圧化は高電圧技術ならびに絶縁技術の進歩に支えられてきた．近年，地球温暖化が問題となり，絶縁の分野でも新たな技術の導入が不可欠である．

第3章 誘電体の電気伝導と絶縁破壊現象

物質には気体，液体，固体の三態があり，そのいずれの形態も，高電圧工学，絶縁工学で利用されている．したがって，気体，液体，固体の誘電体，絶縁体の高電界下での振る舞いを理解することが不可欠である．本章では，三態およびそれらを複合した場合の性質と，高電圧の理解に欠かせない雷について述べる．

3.1 気体の電気伝導と絶縁破壊

3.1.1 気体分子の振る舞いと電離

まず，気体について考えてみる．気体においては，構成する分子は熱エネルギーによってランダムに運動しており，その構成分子間の距離は液体や固体の場合に比べて大きい．この気体分子の振る舞い，気体の性質は統計的な熱力学によって取り扱われる．

分子は単一の原子あるいは複数の原子によってつくられている．原子は陽子と中性子で構成される原子核と，そのまわりを一定の軌道で運動を行っている電子によって構成されている．通常，正電荷を有する陽子の数と負電荷を有する電子の数は同じで，全体として電気的に中性である．

たとえば，図3.1のように，水素原子は原子番号$Z=1$で$+e$の電荷をもつ1個の陽子のまわりを，$-e$の電荷をもつ1個の電子が円運動をしている．中心の原子核である陽子と電子の間にはクーロン引力が働いている．したがって，円運動による遠心力がクーロン引力とつりあうので，

$$\frac{mv^2}{r} = \frac{e^2}{4\pi\varepsilon_0 r^2} \qquad (3.1)$$

である．ただし，円運動の半径をr，円運動の速度をv，電子の質量をm，真空の誘電率をε_0とする．

42　第 3 章　誘電体の電気伝導と絶縁破壊現象

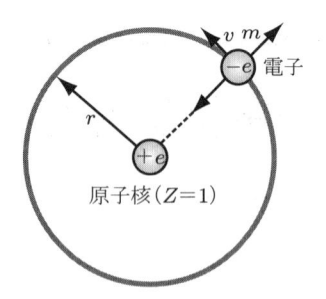

図 3.1　水素原子モデル

また，電子のもつ電気的なポテンシャルエネルギー V は式 (2.28) で示したように，基準点である無限遠から円運動をしている電子の位置（半径 r 上の点）まで移動させるのに要する仕事であるので，

$$V = \int_\infty^r \frac{e^2}{4\pi\varepsilon_0 r^2}\,dr = -\frac{e^2}{4\pi\varepsilon_0 r} \tag{3.2}$$

となる．したがって，電子のもつ全エネルギー E は運動エネルギーとポテンシャルエネルギーの和であり，式 (3.1) を用いて，

$$E = \frac{1}{2}mv^2 - \frac{e^2}{4\pi\varepsilon_0 r} = -\frac{e^2}{8\pi\varepsilon_0 r} \tag{3.3}$$

が得られる．しかし，この古典的なモデルでは，円運動をすることによりエネルギーが失われるため，電子が一定半径で安定して運動を続けることは説明できない．

そこで，ボーア（Bohr）は，「**原子核を回る電子はいくつかの軌道だけで安定に存在する**」という仮説によってこの問題を説明した．すなわち，円運動する電子は次式の条件を満たす，とびとびの値の角運動量をもつときのみ，安定して運動を行うことができる．

$$mvr = \frac{nh}{2\pi} \qquad (n = 1, 2, 3, \ldots) \tag{3.4}$$

ここで，h は**プランク定数**である．これをボーアの**量子化条件**とよび，電子の軌道を決める整数 n を**量子数**という．式 (3.4) に式 (3.1) を代入して，電子の軌道半径 r を求めると，

$$r_n = \frac{\varepsilon_0 h^2}{\pi m e^2} n^2 \quad (n = 1, 2, 3, \ldots) \tag{3.5}$$

となる.また,式 (3.3) と式 (3.4) から電子の全エネルギー E_n を求めると,

$$E_n = -\frac{me^4}{8\varepsilon_0^2 h^2} \cdot \frac{1}{n^2} \approx \frac{-13.6}{n^2} \; [\text{eV}] \tag{3.6}$$

となり,電子のとりうる全エネルギーも量子化される.そのエネルギーの値をエネルギー準位という.図 3.2 に水素のエネルギー準位図を示す.

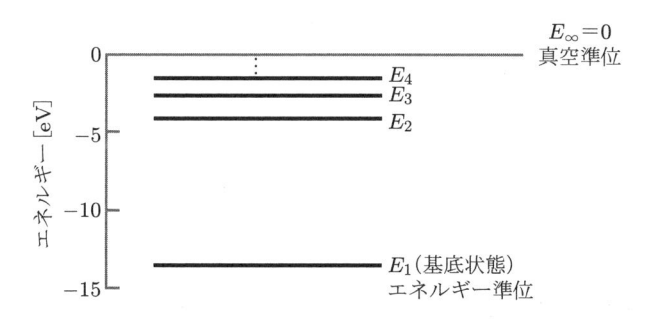

図 3.2 水素のエネルギー準位図 ($1 \; [\text{eV}] = 1.6 \times 10^{-19} \; [\text{J}]$)

　原子や分子は,熱,光,放射線,宇宙線,他の原子,分子,電子,イオンの衝突などによって外部からエネルギーを受けている.通常電子は E_1 のエネルギーをもった**基底状態**にあるが,より高い**エネルギー準位**とのエネルギー差以上のエネルギー(たとえば $E_2 - E_1$)を外部から受け取ると,よりエネルギーの高い準位の軌道に電子は移る.これを**励起**とよび,励起に必要なエネルギーを**励起エネルギー**,**励起電圧**という.

　電子が高いエネルギー状態にある**励起状態**は不安定で,10^{-8} 秒程度で,エネルギー差に応じた波長の光として外部にエネルギーを放出してもとのエネルギー準位に戻る.これを**脱励起**という.ヘリウム (He),ネオン (Ne) や窒素 (N_2) には,$10^{-3} \sim 10^{-2}$ 秒程度の励起状態を保てる準位があり,**準安定状態**とよばれる.原子や分子に外部から加わるエネルギーが十分に大きければ,基底状態にある電子は無限遠まで引き離され,原子核の束縛から解放され自由電子となる.すなわち,原子,分子は正イオンと電子に分かれる.これを**電離**とよび,電離

に必要なエネルギー（**電離エネルギー**あるいは**電離電圧**）は $-E_1$（$\because E_\infty = 0$）となる．

例題 3.1

水素原子において，ボーアの半径上の電子が原子核から受ける電界を求めよ．ただし，ボーアの半径 $r = 0.529 \times 10^{-10}$ [m]，電子の電荷量 $e = 1.6 \times 10^{-19}$ [C]，真空の誘電率 $\varepsilon_0 = 8.854 \times 10^{-12}$ [F/m] とする．

解答

電荷 e の電子に働く原子核からのクーロン力を F [N] とすると，電界 E [V/m] は $E = F/e$ で与えられる．水素の場合，クーロン力は $F = e^2/(4\pi\varepsilon_0 r^2)$ であるので，電界 $E = e/(4\pi\varepsilon_0 r^2)$ となる．

$$E = \frac{1.6 \times 10^{-19}}{4\pi \times 8.854 \times 10^{-12} \times (0.529 \times 10^{-10})^2}$$
$$= 5.1 \times 10^{11} \text{ [V/m]} \; (= 5.1 \times 10^9 \text{ [V/cm]} = 5.1 \times 10^3 \text{ [MV/cm]})$$

3.1.2 気体の電気伝導

図 3.3 に示した，気体で満たされた平行平板電極間に電圧を印加し，電圧と回路に流れる電流の関係を調べると，図 3.4 のような関係が得られる．本来，気体は電気的に中性であるが，熱，光，放射線，宇宙線などにより外部から絶えずエネルギーを受けるため電離が起こり，電子とイオンが生成される．一方で，

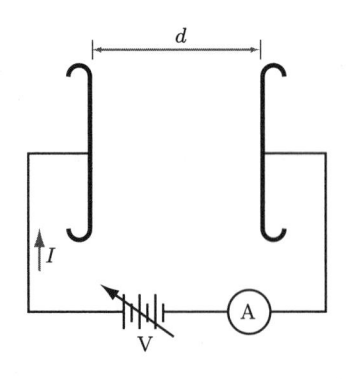

図 3.3 気体で満たされた平行平板電極間

電子やイオンは**拡散**，**再結合**によって消滅している．一般に，電子やイオンの生成と消滅はつりあっており，そのため電極間にはわずかであるが一定の電子とイオンが存在している．この状態に比較的低い電圧が印加されると，荷電粒子（電子，イオン）は電界のエネルギーにより加速され，電極に移動して吸収あるいは再結合されることとなり，暗流とよばれる微小な電流が流れる．これが図 3.4 の A の領域であり，電圧と電流の関係はほぼオーム則に従う．

さらに電圧を上昇させた B の領域では，一定の割合で電子，イオンは生成されるが，電界による移動速度が大きくなる．したがって，荷電粒子は電極間で拡散，再結合することなく電極に到達し，印加電圧に対してほぼ一定の電流が流れる．大気中におけるその電流密度は 10^{-12} A/m^2 程度である．

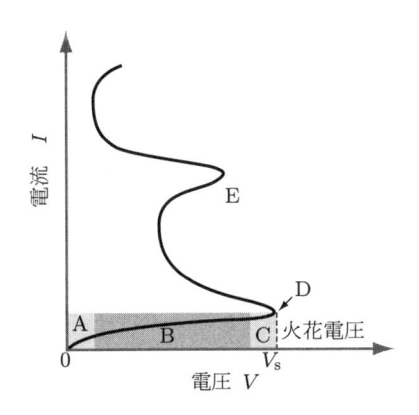

図 3.4 平等電界下における気体の電圧-電流特性

さらに電圧を上げて C の領域になると，電極間の電子は印加された電界により一層加速され，十分大きなエネルギーをもって気体の中性分子に衝突し，電子と正イオンに電離する．このことを**衝突電離**とよぶ．電離によって生じた電子はもとの電子とともに電界によって加速され新たな電離を引き起こす．これにより電流は指数関数的に増加するようになる．この部分では電流は急増するがいまだ気体の絶縁性は保たれており，自身で放電を持続させる機能をもたない．これを**非自続放電**という．

さらに電圧を増加させていくと，電流は急増し，点 D において二つの電極間

は火花により短絡された状態となる．このとき気体の絶縁性はもはや失われ，**絶縁破壊**にいたる．このときの電圧を**火花電圧 V_s** とよぶ．それ以降では，電流の増大にともなって逆に電極間に加わる電圧の減少がみられ，DE の領域で放電はグロー放電さらには**アーク放電**へと移行していく．この領域では飛躍的に電離が増大し，**自続放電**とよばれる．

3.1.3　タウンゼントの理論とパッシェンの法則

　印加電圧の上昇にともない，電流の急増，火花放電にいたる気体の絶縁破壊に関しては，タウンゼントらの研究によりその現象が説明された．まず，前節よりさらに微視的なこのタウンゼント理論について述べる．

　電子が電界によって単位長を移動する間に，α 回衝突電離を起こすと仮定する．図 3.5 に示す陰極の近くや電極間には，紫外線や電界などの外部からのエネルギーによって陰極から放出された電子や光，放射線，宇宙線などのエネルギーによる電離で生成した電子が存在する．この電子は**初期電子**あるいは**偶存電子**とよばれる．いま，陰極から距離 x だけ離れた位置の電子が dx 進む（$x+dx$ の位置に移動する）間に増加する電子の数を Δn とすると，

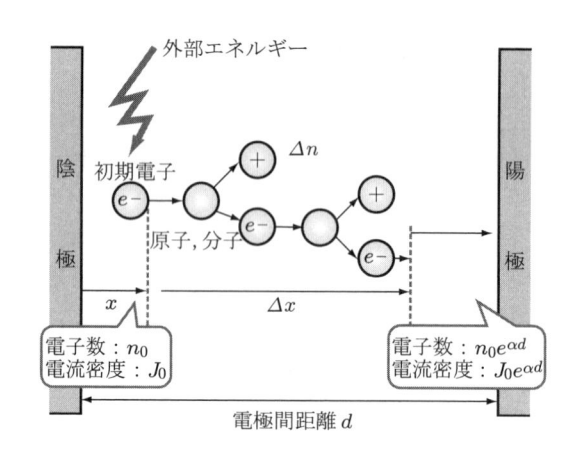

図 3.5　衝突電離と電子なだれ

$$dn = \alpha n\, dx \tag{3.7}$$

となる．位置 x における電子数は陰極表面 ($x=0$) での電子数を $n=n_0$ とすれば，上式を積分して，

$$n = n_0 e^{\alpha x} \tag{3.8}$$

となる．最終的に陰極から位置 d にある陽極に到達する電子数 n および電流密度 J は，

$$n = n_0 e^{\alpha d} \tag{3.9}$$
$$J = J_0 e^{\alpha d} \tag{3.10}$$

で表される．ここで J_0 は $x=0$ における電流密度である．この式は，電子が陽極方向に移動するにともなって衝突電離を繰り返し，電子数が指数関数的に増えることを意味している．この電子の増倍現象を**電子なだれ**という．また，上で定義された α は，電子の**衝突電離係数**あるいは**タウンゼントの第 1 係数**とよばれる．この係数 α は気体の種類に固有のものであり，また実験的に気体の圧力 p と電界 E の関係式で表されている．

$$\frac{\alpha}{p} = A e^{-B/(E/p)} \tag{3.11}$$

ここで，A, B は気体によって決まる定数である．

しかし，**衝突電離作用（α 作用）**だけでは絶縁破壊にともなう電流の急増を説明することはできない．他の電子増殖作用を考える必要がある．衝突電離で n 個の電子が生成されたとき，同時に n 個の正イオンも生成される．図 3.6 のように正イオンは電界によって加速され陰極に達するが，このとき正イオンは陰極に衝突し，陰極表面から二次電子が放出される．

1 個の正イオンが陰極に衝突し，二次電子を放出する割合を**二次電子放出係数 γ** として，**二次電子放出作用（γ 作用）**を加えた場合を考える．いま，1 個の電子が陰極から出たとして衝突電離を繰り返して陽極に達する電子の数は式 (3.8) より $n_1 = e^{\alpha d}$ である．したがって，増殖した電子の数は $e^{\alpha d} - 1 = n_1 - 1$ であり，これと同数の正イオンが電極間に生成していることになる．これらの正イ

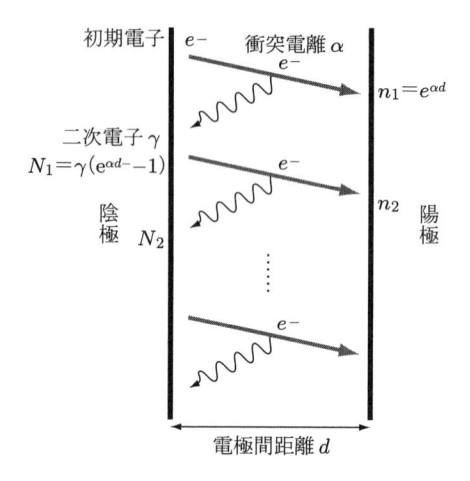

図3.6 衝突電離と二次電子放出

オンが陰極に衝突して二次電子を放出することになるので，放出される二次電子数 N_1 は，

$$N_1 = \gamma(e^{\alpha d} - 1) \tag{3.12}$$

となる．これらの電子が再び衝突電離を繰り返しながら陽極に達する．このときの電子数 n_2 は，

$$n_2 = \gamma(n_1 - 1)e^{\alpha d} = \gamma(n_1 - 1)n_1 \tag{3.13}$$

である．この2回目の過程で増殖した電子の数は，

$$n_2 - \gamma(n_1 - 1) = \gamma(n_1 - 1)^2$$

であり，これと同数の正イオンが陰極表面で二次電子放出に関与することになるので，放出される電子数 N_2 は，

$$N_2 = \gamma\{n_2 - \gamma(n_1 - 1)\} = \gamma^2(n_1 - 1)^2 \tag{3.14}$$

であり，さらに陽極に達する電子数 n_3 は，

$$n_3 = \gamma^2(n_1 - 1)^2 n_1 \tag{3.15}$$

となる．以降，同様の過程の繰り返しによって衝突電離と二次電子放出によって増殖した電子が陽極に達する．したがって，陽極に到達する総電子数 n は，

$$n = n_1 + n_2 + n_3 + \cdots$$
$$= n_1\{1 + \gamma(n_1 - 1) + \gamma^2(n_1 - 1)^2 + \gamma^3(n_1 - 1)^3 + \cdots\}$$
$$= \frac{n_1}{1 - \gamma(n_1 - 1)} = \frac{e^{\alpha d}}{1 - \gamma(e^{\alpha d} - 1)} \tag{3.16}$$

と表せる．また，陰極表面での初期の電流密度を J_0 とすれば，陽極に流れ込む電流密度 J は

$$J = J_0 \frac{e^{\alpha d}}{1 - \gamma(e^{\alpha d} - 1)} \tag{3.17}$$

である．陽極に達する電子の数が無限大，すなわち電流密度が無限大となったとき，絶縁破壊が生じて電極間は短絡し，放電は非自続放電から自続放電に移行することとなる．したがって，式 (3.16) あるいは式 (3.17) において分母が 0 になるような条件，

$$1 - \gamma(e^{\alpha d} - 1) = 0 \tag{3.18}$$

が自続放電に移行する条件となり，これをタウンゼントの火花放電条件，またはシューマンの条件式とよぶ．

タウンゼントの火花放電条件は次式のように変形できる．

$$\alpha d = \ln\left(1 + \frac{1}{\gamma}\right) \tag{3.19}$$

いま，平行平板電極を考えており，その火花電圧 V_s で，そのときの電界の強度 E は，$E = V_s/d$ である．式 (3.11)，式 (3.19) を用いて火花電圧 V_s を求めると，

$$V_s = B \frac{pd}{\ln\left\{\dfrac{Apd}{\ln\left(1 + \dfrac{1}{\gamma}\right)}\right\}} = B \frac{pd}{C + \ln pd} = f(pd) \tag{3.20}$$

が得られる．C は定数である．すなわち，火花電圧 V_s は気体の圧力 p と電極間距離 d のみの関数で表される．言い換えれば，火花電圧は pd 積だけで決まり，電極間隔が n 倍になっても気体の圧力が $1/n$ となれば火花電圧は同じであり，相似則が成り立つ．このような関係を**パッシェンの法則**とよぶ．図 3.7 に空気と水素における pd 積と火花電圧の関係を示す．いずれの気体においても**パッシェンミニマム**とよばれる pd 積で火花電圧 V_s が最小となる V 字型の曲線を示している．このような曲線を**パッシェン曲線**とよぶ．

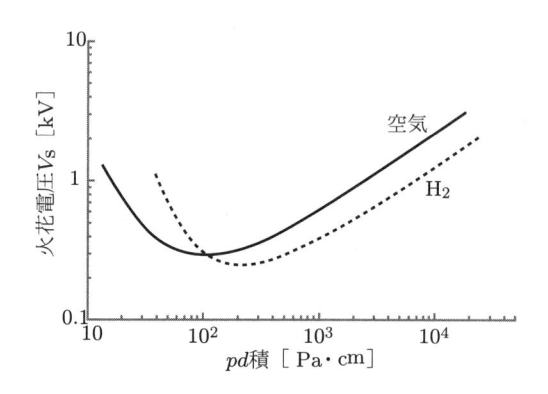

図 3.7 火花電圧と pd 積の関係（パッシェン曲線）

ところで，電子親和力の大きな気体で電極間が満たされている場合，気体分子は周辺に存在する電子を捕獲して負イオンを形成する．このことを**電子付着**という．これによって，電子なだれのきっかけとなる初期電子，偶存電子の存在確率が低くなる．また，分子の質量が大きければ負イオンの移動速度は小さい．これらの理由によって，電子親和力が大きく電子付着能の高い気体（**電気的負性気体**）は，その火花電圧も高くなる．この代表例として，**六フッ化硫黄（SF_6）**があり，高電圧機器の絶縁媒体として使われている．

3.1.4 ストリーマ理論

タウンゼント理論では，圧力 p と電極間隔 d の積 pd の値が大きくなると（約 67 kPa·cm 以上），理論と実験値とのずれが大きくなってくる．これはタウンゼント理論では**空間電荷**の効果を考慮していないことによる．そこで，ミーク

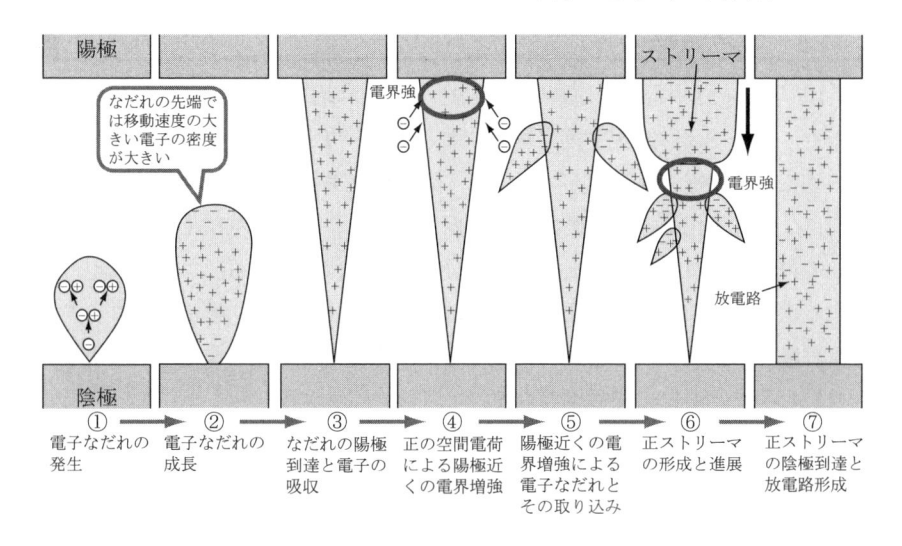

3.1　気体の電気伝導と絶縁破壊　51

図 3.8　ストリーマ理論（正ストリーマ）

（J.M. Meek）らによって空間電荷効果を考慮した**ストリーマ理論**が提唱された．

　ミークによる正ストリーマを図 3.8 に示す．①平行平板電極において印加電圧が高くなると電極間の電子が電界により加速され電離が生じ，電子なだれが起こる．②移動速度の大きい電子はなだれの先端に多く，また正イオンは移動速度が小さいために取り残されて後方に多くなって電子なだれが進展する．③電子なだれが陽極に到達すると先端の電子は陽極で吸収されて，正イオンだけが空間に取り残される．④陽極付近では正イオン密度はきわめて大きいので，その正イオンによる空間電荷の効果で電界はその近傍では非常に強まる．⑤この強い電界によって近くの電子を引き込む．⑥このとき電子は衝突電離を繰り返し，新たな電子なだれを引き起こしながら正イオン密度の高い空間（**正イオン柱**）の中に入り込む．その結果，正イオンと電子が混在した導電性の高い部分ができる．これをストリーマとよぶ．このストリーマとよばれる導電路の先端と陰極との間の電界は強くなり，さらに電子なだれを引き込んで陰極に向かって成長していく．⑦ストリーマが陰極に達すると放電路が完成して，電極間が短絡され火花放電となる．このようなストリーマ理論は実験的にも正しいことが示されている．

3.1.5 コロナ放電

3.1.4 項までは平行平板電極での現象，すなわち平等電界下での現象を取り扱った．ここでは，針対平板電極系のような不平等電界中での現象について考えてみる．印加電圧を高くしていくと，針電極と平板電極間に火花放電が生じる前に，針電極先端近くの高電界の空間で局部的に自続放電が生じる場合がある．この現象は**コロナ放電**あるいは**部分放電**とよばれている．コロナ放電が発生する電圧を**コロナ開始電圧**あるいは**放電開始電圧**という．通常，コロナ開始電圧程度では高電界領域のみで自続するが，印加電圧が高くなるとコロナ放電は成長し，最終的に火花放電となる．

コロナ放電の外観は，印加電圧の種類（直流，交流，インパルス，高周波），印加電圧の極性，印加電圧の大きさによって変化する．直流電圧を印加したときのコロナ放電の外観を図 3.9 に示している．針電極が正極の場合，正極コロナとよばれその様子は，印加電圧の上昇とともに**グローコロナ**，**ブラシコロナ**，**ストリーマコロナ（払子コロナ）**へと変化し，最後には火花放電にいたる．

一方，針電極が負極である負極コロナの場合，印加電圧が低いときには規則正しい間欠的なパルス電流（**トリチェルパルス**）をともなったトリチェルコロナが観測される．印加電圧を上昇していくと，グローコロナが観測されるようになる．

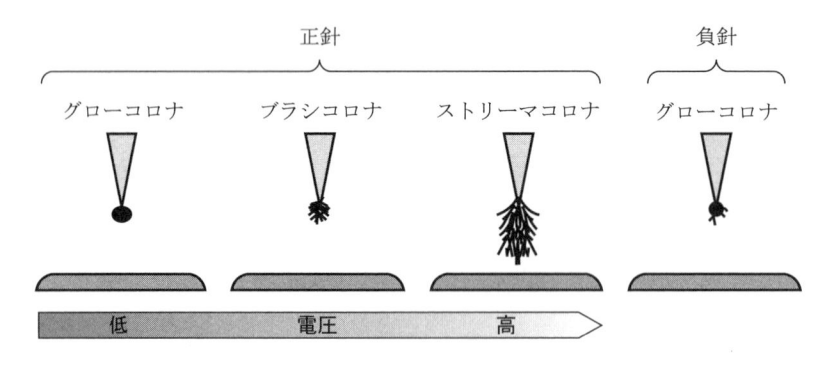

図 3.9 直流コロナ放電の外観

3.1.6 真空放電

図3.7のパッシェン曲線において，火花電圧が最小となる点（パッシェンミニマム）の左側の領域では，pd 積が小さくなればそれにともない火花電圧は急激に高くなる．pd 積を小さくするには，電極間距離 d を一定とすれば，圧力 p を低くする必要があり，真空の状態となっていく．真空は，その空間に存在する気体分子，電子およびイオンの数が少なくなっていることを意味している．したがって，高真空の状態では，分子や荷電粒子の衝突の確率は小さく，平均自由行程は非常に大きくなり，衝突電離はほとんど起こらなくなるため火花電圧が高くなる．よって，高真空は非常によい絶縁媒体の一つと考えられ，実際に4.5.3項で述べる遮断器などの電力機器に真空絶縁も採用されている．

高真空の絶縁性能は高いが実際には放電が生じる．このメカニズムとして次のようなものが考えられている．

① **陽極加熱説**：高電界による電子放出により，陰極から出た電子が陽極に衝突するときに加熱し，表面の吸着分子や電極金属の蒸気がイオン化し，これが火花放電のきっかけとする説．

② **陰極加熱説**：陰極から電子が放出される点（陰極点）が，電子の流れである電流によって加熱され熱電子放出を誘発し，これにより火花放電が引き起こされるとする説．

③ **クランプ説**：電極表面に付着した粒子が静電気力によって電極から遊離，加速されて対向電極に衝突して，局部的な加熱が起こることによるとする説．

これらはいずれも電極が関与しているとする説であるが，実際に真空中の火花放電は，電極の表面状態の影響を受けていることからも，これらのメカニズムが有力と考えられている．火花電圧の改善には電極のコンディショニング[1]や表面コーティング[2]が有効であるとされている．

また，真空中での放電は，宇宙空間で使用される機器の帯電と放電などにも関連しており，研究が進められている．

---

(1) コンディショニングとは，適当な回数の火花放電によって表面の清浄を行うこと．
(2) 表面コーティングとは，電極表面に薄い固体誘電体層を形成すること．

3.2 液体の電気伝導と絶縁破壊

代表的な液体の絶縁体として，天然の鉱物油や合成油などの油が挙げられる．絶縁油は変圧器や電力ケーブルなどに多く使用されている．また，最近では超伝導を利用した電力機器がつくられており，超電導物質を超電導が生じるまで冷却するために液体ヘリウムや液体窒素などの極低温液体（冷媒とよばれる）が用いられるが，これらは冷媒であるとともに誘電体でもあるので，これらの液体の絶縁性も重要となってきている．

3.2.1 液体の電気伝導

気体と比べて液体の密度は非常に高く，その分子間距離は短い．そのため，液体の電気伝導，絶縁破壊現象も気体の場合とは異なってくる．平等電界下における液体の電圧と電流の関係を図3.10に示した．印加電圧が比較的低い領域Aでは，液体中を流れる電流はオーム則に従い，電圧の上昇に比例して流れる電流も増加する．この領域における電流の担い手は，気体中では主に光や放射線などの外部エネルギーによる電離で生じた電子と正イオンである．同様に，液体中においても外部エネルギーによる電離や解離でできた正イオン，負イオンおよび電子が電流の担い手となっている．

さらに電圧を上昇させると，電流がほぼ飽和する領域Bが現れる．このような領域は気体の場合においてもみられる．液体の種類や含まれる不純物の量に

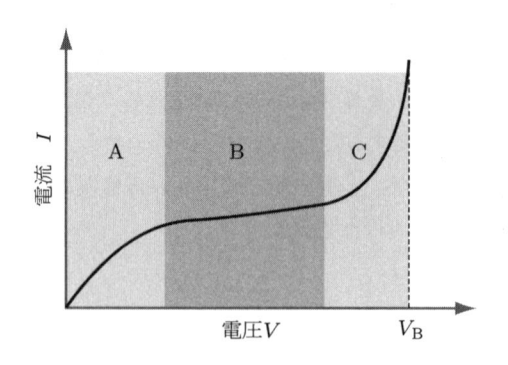

図3.10 平等電界下における液体の電流-電圧特性

よっては，明瞭な電流の飽和はみられず，電流が緩やかに上昇し続ける場合もある．

さらに，印加電圧を高くすると，電流が急増する第3の領域Cに入り，最終的に絶縁性は失われて絶縁破壊となる．この領域では，3.2.2項で述べるショットキー効果による電極金属からの電子放出，電子による衝突電離，電界による液体分子の解離によるイオンの生成量の増加などが放電の原因と考えられる．

一般に，衝突電離を考えた場合，液体の密度は気体に比べてかなり高く，電子やイオンの平均自由行程は短い．すなわち，電界によって加速され十分なエネルギーを得る前に，他の分子と衝突するため，衝突電離は起こりにくい．そのため，液体の絶縁破壊電圧は気体のそれと比べて高くなる傾向にある．

3.2.2 電子的破壊

液体の絶縁破壊の機構は，気体の場合と同じく電子なだれによるものとして説明される．電子の平均自由行程内で電界から与えられるエネルギーが電離エネルギーより大きくなれば，液体分子との衝突電離，電子なだれへと進む．したがって，次の関係が成り立つ．

$$Ee\lambda = Kh\nu \tag{3.21}$$

ここで，λ は電子の平均自由行程，$h\nu$ は電子が液体分子の衝突によって失うエネルギー，K は定数である．したがって，**絶縁破壊電界（絶縁破壊強度）**E_B は次式で表される．

$$E_B = \frac{Kh\nu}{e\lambda} \tag{3.22}$$

液体の密度は気体に比べて高く，電子の平均自由行程は短い．すなわち式(3.22)の λ が小さい．そのため前節で述べたように液体の絶縁破壊電界が高くなることが理解できる．しかし，外部から加わる電界が十分大きくなれば衝突電離は可能である．

陰極からの電子放出としては，まず**ショットキー効果**が考えられる．金属内の電子に一定のエネルギーを加えると，電位障壁を越えて電子を取り出すことができるが，金属から真空中に電子を取り出すエネルギーよりも，誘電体に引

き出すエネルギーのほうが小さくなる．**仕事関数**[3] Φ_M の金属から電子が出た場合，金属表面に誘起された正電荷の間に鏡像力[4]が働くので，電子が金属表面から x 離れたときのポテンシャルエネルギーは，次式で表される鏡像ポテンシャル[5] $\Phi_0(x)$ となる．ここで，液体の誘電率を ε とした．

$$\Phi_0(x) = -\frac{1}{4\pi\varepsilon} \cdot \frac{e^2}{4x} = -\frac{e^2}{16\pi\varepsilon x} \tag{3.23}$$

また，これに電界が加わったときの，全体のポテンシャル $\Phi(x)$ は，

$$\Phi(x) = \Phi_0(x) - Eex = -\frac{e^2}{16\pi\varepsilon x} - Eex \tag{3.24}$$

で表されて，図 3.11 の実線で示したようなポテンシャルを描く．このときのポテンシャルの最大値は，

$$\Phi_{\max} = -\sqrt{\frac{e^3 E}{4\pi\varepsilon}} \tag{3.25}$$

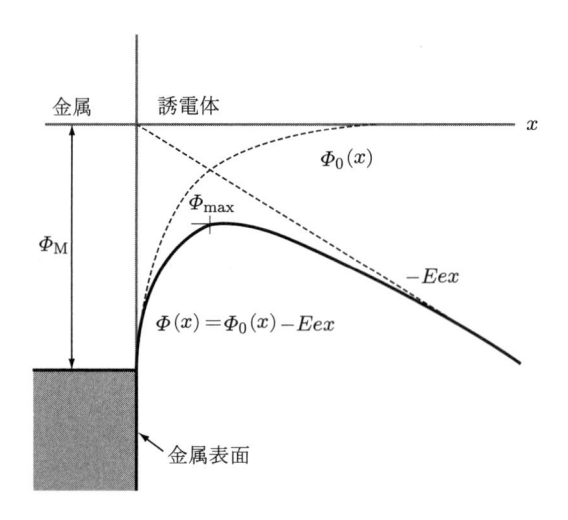

図 3.11　ショットキー効果

---

(3)仕事関数とは，金属のフェルミ準位と真空準位の差
(4)導体面を鏡として対称位置に逆極性の点電荷が存在するとして，二つの点電荷間に働く力
(5)鏡像力によって生じる引力ポテンシャル

となる．電界がかかったときの実際の電位障壁[6]は次式で表され，式 (3.25) で求められた分だけ障壁は低くなる．

$$\Phi_\mathrm{M} + \Phi_\mathrm{max} = \Phi_\mathrm{M} - \sqrt{\frac{e^3 E}{4\pi\varepsilon}} \qquad (3.26)$$

このような効果を経て，陰極から放出された電子が電界によって十分に加速されて衝突電離を繰り返して電子なだれを引き起こし，絶縁破壊にいたるのである．また，この過程で衝突電離によってできた正イオンは，電子に比べて遅いので，陰極表面近くでの液体中の正電荷密度は高くなり，空間電荷層を形成する．この空間電荷によって陰極面の電界は強められるので，陰極からの電子放出は一層容易になると考えられている．

3.2.3 気泡（バブル）破壊，不純物破壊

電子的破壊だけで液体の絶縁破壊現象を説明することはできない．実際の液体には，固体や気体などの不純物が混入しており，これが絶縁破壊の誘因となる場合がある．

液体は密度が高く分子間距離も短いため，圧力をかけても圧縮されない．したがって，理論上の電子的破壊機構によれば，液体の絶縁破壊電界は圧力の影響を受けないことになる．しかし，実際の液体の絶縁破壊電界は圧力によって変化することが知られている．液体中で圧力によって影響を受けるものとして**気泡（バブル）**がある．この気泡が絶縁破壊に関与するという考え方がある．液体中では，電極表面の突起などに起因する電界集中による局部的なジュール加熱，電子による液体分子の解離，液体中の不純物の加熱などの原因によって気泡が発生する．液体中に気泡が存在する場合，液体の絶縁破壊電界は高いので，まず気泡中で放電が生じることになる．それによって，気泡が成長し絶縁破壊にいたると考えられる．

また，液体中に不純物粒子が存在すると，電極表面の突起などによる電界集中の生じる点に引き寄せられる．図 3.12 のように不純物が数珠つなぎに成長し

---

[6]異種の物質・材料を接触あるいは接合したときに，電子が移動するのに必要なエネルギー差

58　第 3 章　誘電体の電気伝導と絶縁破壊現象

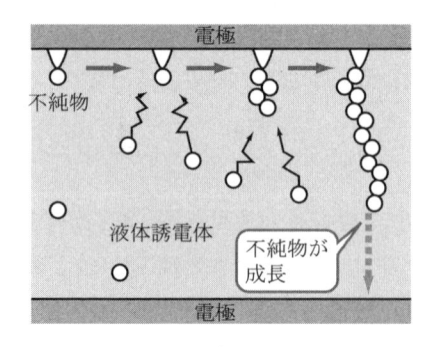

図 3.12　不純物による液体の絶縁破壊

ていき，電極間を橋絡，絶縁破壊になるという考え方もある．

3.3　固体の電気伝導と絶縁破壊

　固体は導電体から絶縁体まで幅広い電気伝導性をもち，構成原子や分子の種類だけでなく，分子構造や固体構造によってその性質は大きく左右される．固体は多くの場合，原子や分子の強固な化学結合によってつくられており，物質の三態の中でもっとも密度が高い．そのため，固体誘電体は一般的に気体や液体に比べて高い絶縁破壊強度（電界）をもつと考えられるが，実際には絶縁破壊機構を含めて非常に複雑である．高電圧工学，絶縁工学において，固体絶縁体は非常に重要であり，本節では，固体誘電体の高電界下での振る舞いを解説する．

3.3.1　固体の高電界電気伝導

　理論的には固体誘電体に電流の担い手は存在しないが，実際にはわずかであるが電流が流れる．固体中を流れる電流の担い手は電子，正孔および正負イオンであることは気体や液体と同じであるが，その電流の成分には違いがある．固体誘電体における電圧電流特性を述べる前に，固体誘電体に流れる電流の成分について触れておく．

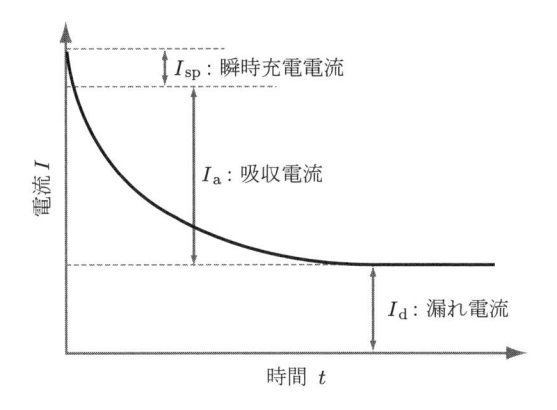

図 3.13 直流電圧印加における固体誘電体の電流の経時特性

図 3.13 に示すように固体誘電体に直流電圧を印加すると，誘電体中を流れる電流は時間とともに減少し，一定値に落ち着く．この流れる電流は三つの成分からなっている．

1 番目の成分は，電圧印加直後に瞬間的に流れる**瞬時充電電流** I_{sp} である．これは，電極系の幾何学寸法で決まる静電容量の充電，電子分極および原子分極の速く終わる誘電分極によるものであり，瞬時に減衰する．2 番目の成分は，比較的ゆっくりとした誘電分極（双極子分極，空間電荷分極，界面分極）による**吸収電流** I_a で，この電流成分は徐々に減衰する．3 番目の，時間に対して一定の電流成分は**漏れ電流** I_d とよばれ，これは固体誘電体中の電気伝導の担い手（キャリア）である電子，正孔および正負イオンの密度，移動度で次のように決まる．

$$I_d = n_e e \mu_e E + n_h e \mu_h E + n_- e \mu_- E + n_+ e \mu_+ E \tag{3.27}$$

ここで，n_e, n_h, n_-, n_+ は各々電子，正孔，負イオン，正イオンの密度，μ_e, μ_h, μ_-, μ_+ は電子，正孔，負イオン，正イオンの移動度である．また，全電流はこれらの成分を足したもので，次式のようになる．

$$I = I_{sp} + I_a + I_d \tag{3.28}$$

固体誘電体における電圧電流特性を図 3.14 に示したが，気体や液体の場合と

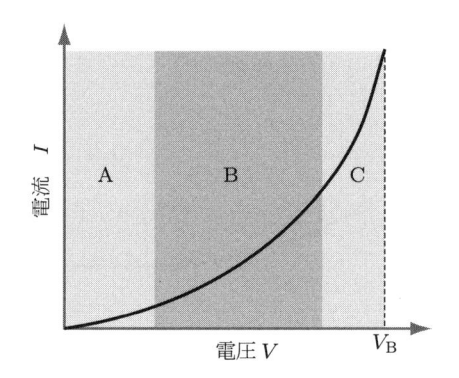

図 3.14 平等電界下における固体誘電体の電流-電圧特性

同じく三つの領域に分けて説明することができる．印加電圧の低い領域 A では，オーム則に従い電流は電圧に比例して増加する．印加電圧が上昇した領域 B では，気体や液体で観測されるような電流の飽和は観測されず，逆にオーム則からはずれて電流は急激に増加しはじめる．さらに印加電圧を上昇させた領域 C では，電流は急増し絶縁破壊にいたる．このとき電極間の固体の絶縁破壊経路となった部分は原子間，分子間の結合は切断されて化学的変化をともなう．気体や液体では一度絶縁破壊が生じてもその時点で印加電圧を下げれば，電極間の原子や分子は拡散や対流によって入れ替わるので絶縁性は回復する（**自己復帰，自復性**）．しかし，固体の場合，結合の切断や化学的変化をともない，拡散，対流による分子の入れ替わりもないので絶縁性は回復しない（**非自復性**）．

3.3.2 真性破壊

真性破壊とは，電界によって電子に加わるエネルギーと，電子が格子などに衝突して失うエネルギーのバランスが崩れたときに生じる絶縁破壊のことである．

真性破壊による破壊電界は試料の形状，電極材料および構造，電圧波形などに影響されないで誘電体の物理的性質のみで決まる．固体の分子もわずかであるが光や放射線などの外部からのエネルギーを受けて，電子が価電子帯から自由に移動できるエネルギー準位の伝導帯に励起されるので，固体誘電体内にも自由に移動可能な伝導電子が存在している．この伝導電子が外部から印加され

る電界によって加速され，固体を構成する結晶の格子と衝突する．この電子が電界から受けるエネルギーと，格子に与えるエネルギーの平衡が崩れたときに絶縁破壊すると考えられている．電子の単位時間あたりに得るエネルギーを A，失うエネルギーを B とする．A は電界 E，格子温度 T_0，電子のエネルギー状態を示すパラメータ α_0 の関数であり，B は T_0, α_0 の関数である．平衡状態は次式で示される．

$$A(E, T_0, \alpha_0) = B(T_0, \alpha_0) \tag{3.29}$$

伝導電子が電界によって加速され固体を構成する結晶の格子と衝突するとき，電子が得るエネルギーの割合 U_A と格子に衝突して失うエネルギーの割合 U_B は通常平衡しているが，高電界下において両者のバランスが崩れたとき絶縁破壊になる．

電子のエネルギー U に対して U_A と U_B を表すと図 3.15 のようになる．U_A と U_B の交点より高いエネルギーをもつ電子に対して $U_A > U_B$ となる場合には，電子は加速し続けることになる．これを説明する方法として，電子の振る舞いを 1 個の電子で代表させる**単一電子近似**と，電子のエネルギー分布を考慮する**集合電子近似**がある．前者においては，ファンヒッペル（von Hippel）は，図 3.15 の点 P のように U_A と U_B とが接する U_A を与える電界 E_4 を，すべての

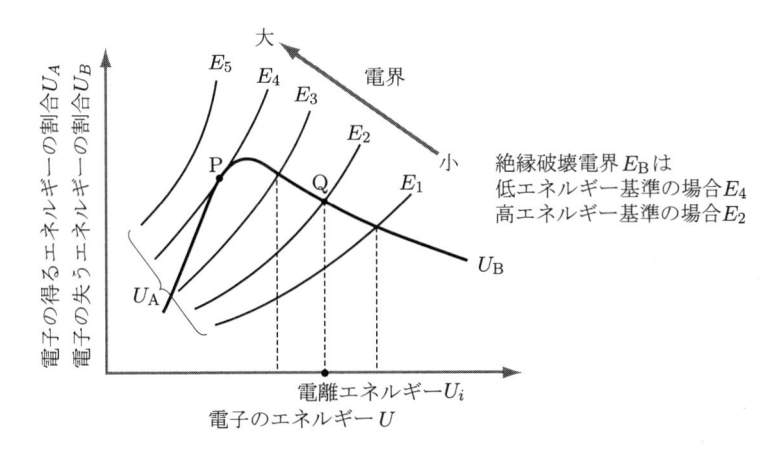

図 3.15 高電界下における電子のエネルギーのバランス

電子が加速されて破壊となる電界として絶縁破壊電界を求めた．すなわち，すべての電子に対して式 (3.29) が成立する最高の電界を破壊電界としている（低エネルギー基準による破壊電界）．また，フレーリッヒ（Frölich）は電離エネルギー近傍のエネルギーをもつ電子に着目して，エネルギーの平衡を考える高エネルギー基準から破壊電界を求めた．

すなわち，両者の交点 Q の電子のエネルギーが，電離エネルギー U_i を与える電界を絶縁破壊電界 E_B として求めた．集合電子近似の場合には，それぞれの電子がもつエネルギーにばらつきがあるので，そのエネルギー分布を考えて，ボルツマンの輸送方程式をたて，電子の温度が無限大になる最小の電界を破壊電界とする．

高分子などのように不純物励起準位を有する無定形固体に対するフレーリッヒとパランジャップ（Paranjape）両氏の理論について述べる．

電子トラップとして作用する励起準位が伝導帯の下に多くあると，伝導電子はこのトラップ電子と相互作用をしてエネルギーを与え，トラップ電子は格子系と相互作用をしてエネルギーを失う．電子トラップの励起準位が伝導帯のすぐ下に ΔW の幅で分布し，その下に $(W - \Delta W)$ の間隔をおいてトラップ準位の基底状態がある場合の破壊電界 E_F は次式で与えられる．

$$E_F = C N^{0.5} \exp\left(\frac{\Delta W}{2kT_0}\right) \tag{3.30}$$

ただし，T_0：格子温度，ΔW：励起不純物準位のエネルギー分布の幅，k：ボルツマン定数，N：不純物準位の密度，C：定数である．

この理論は温度 T_0 上昇によって，破壊電界 E_F が急激に低下し，高温領域の絶縁破壊特性を与える．

3.3.3 電子なだれ破壊

3.3.2 項で述べたように，固体誘電体中にもわずかであるが，電界によって自由に移動することのできる電子が存在する．

この電子が電界によって加速され，固体をつくる結晶格子と衝突して格子をつくる原子の衝突電離を引き起こす．この衝突電離の繰り返しにより，気体中と同様に電子なだれが固体誘電体中においても発生，成長する．この電子なだ

れが一定以上に成長したとき絶縁破壊すると考えられている．真性破壊と異なり電子なだれ破壊では，なだれのもとになる初期電子数の影響をうける．そのため，固体誘電体の導電性や電極からの電子の注入度合いによっても，破壊電界は変化する．

1個の電子なだれが陰極から出発して約40回の衝突電離を起こせば，電子なだれの通過した体積に与えられるエネルギーがその部分の結合エネルギーに等しくなり，固体が破壊されるとした**ザイツ（Seitz）の 40 世代理論**があり，次式で示される．

$$E_s = \frac{H}{\ln(d/40\lambda)} \tag{3.31}$$

ただし，E_s：破壊電界，d：試料厚，λ：電子の平均自由行程，H：定数である．

3.3.4 ツェナー破壊

通常価電子帯の電子は，禁止帯幅以上の大きなエネルギーが外部から加わらないと伝導帯に移動することはできない．しかし，10^8 V/m 以上の高電界がかかると，図 3.16 のように，量子力学的な効果によって禁止帯をすり抜け，伝導帯に移動できるようになる．これを**トンネル効果**とよぶ．

ツェナー破壊とは，高電界によるトンネル効果で固体誘電体中の電子が価電子帯から伝導帯へ移り，伝導電子の数が急増し，格子系へのエネルギー注入が格子系を臨界温度まで上昇させて絶縁破壊するというもので，ツェナー（Zener）

(a) 電界 $E = 0$
電子は大きなエネルギーを外からもらわないと価電子対から伝導帯に移ることはできない．

(b) 高電界 $E > 10^8$ V/m
高電界がかかると電子は禁止帯をすり抜けて伝導帯に移ることができるようになる．

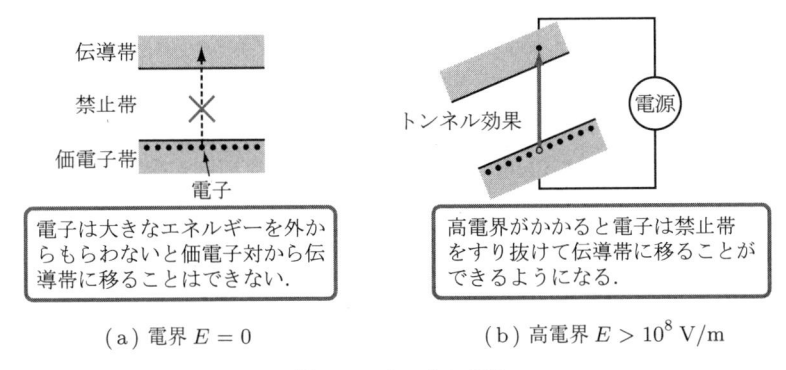

図 3.16 トンネル効果

によって提案され，その後，ヒューストン（Houston）およびフランツ（Franz）によって拡張された．1個の電子が単位時間に充満帯から伝導帯へ移る確率 P_{vc} は，次式で与えられる．

$$P_{vc} = \frac{eEa}{h} \exp \frac{-\pi^2 maI^2}{h^2 eE} \tag{3.32}$$

ただし，a：格子定数，I：充満帯と伝導帯のエネルギー差，E：電界，h：プランクの定数，e：電子の電荷，m：電子の質量である．

ツェナー破壊の特徴は，破壊電界が試料厚および温度に依存しないことである．電界が 10^5 V/cm 以下では exp の項はほとんど 0 になる．バンド幅が小さく，トンネル効果が有効な薄膜，たとえば，絶縁層が 100 nm 以下のゲルマニウムの pn 接合の絶縁破壊に適用できる理論である．

3.3.5 熱的破壊

電子的破壊では電子のエネルギーの平衡を考えたが，熱的破壊では電界による熱エネルギーの注入と，熱伝導や熱放射による熱エネルギーの損失との平衡を取り扱う．固体誘電体に電界が加わると電荷の移動，すなわち電流が流れることによってジュール熱が発生する．注入されるジュール熱（単位時間・単位体積あたりに発生するジュール熱）は電子の密度 n，移動度 μ とすると $ne\mu E^2$ なので，熱平衡は次式で与えられる．

$$ne\mu E^2 = c_v \frac{dT}{dt} - \mathrm{div}(\kappa \, \mathrm{grad}\, T) \tag{3.33}$$

ここで，C_v は比熱，κ は熱伝導率である．右辺第1項は温度上昇を，第2項は熱伝導による熱の放出を表している．

印加電圧をゆっくりと上げていく場合，注入された熱エネルギーのほとんどが熱放散されるので，式 (3.33) の温度上昇による第1項は無視できる．そのような状況では，熱平衡が崩れるかあるいは固体の融点（固体が加熱によって溶け出す温度 T_m）を超えた時点で破壊となる．この破壊を**定常熱破壊**という．

これに対して，急激に印加電圧が上昇するような場合，注入された熱エネルギーの周囲への放散はなく，式 (3.33) の第2項は無視できるので，固体の温度上昇となる．この温度上昇によって破壊にいたる場合を，**インパルス熱破壊**と

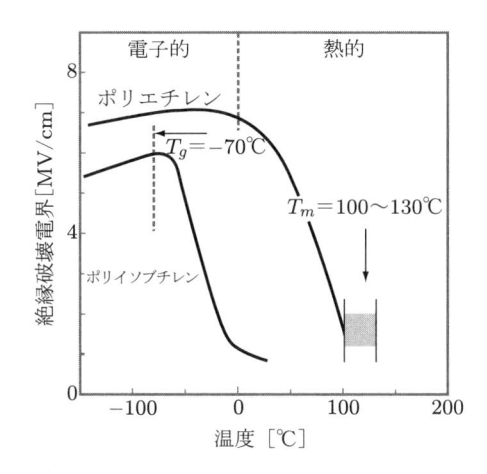

図 3.17 高分子の絶縁破壊電界の温度変化

よぶ．前者の破壊電界は試料形状の影響を受ける．

熱的破壊においては，温度の上昇で伝導電子の密度が増加し，絶縁体の導電率が上がるため電流も増加する．したがって，ジュール熱は増大するが周囲への放散は低下するため，雰囲気温度が上がると絶縁破壊電界は低下する．図3.17に高分子の絶縁破壊電界の温度変化を示した．低温域では絶縁破壊電界はほとんど変化しないが，温度が上昇し，**ガラス転移点**（硬いガラス状の状態から柔らかいゴム状の状態になる温度 T_g）あるいは融点近くになると急激に破壊電界は低下している．これは低温域では電子的破壊によるが，高温域では熱的破壊によっていることを示している．

3.3.6 電気機械破壊

電気機械破壊とは，電圧印加によって生じる**マクスウェル応力**のために固体が機械的に圧縮され薄くなり，絶縁破壊にいたることで，スターク（Stark）とガルトン（Garton）によって示された．通常の固体ではヤング率が大きいので，この形式の破壊が起こるまでに他の形式の破壊が先行する．しかし，加熱によって柔らかくなる高分子（熱可塑性高分子）では軟化点（柔らかくなり始める温度）に近くなると，プラスチックフロー（一定以上の応力を受けて不可逆な変

形を起こすこと）を起こし，この形式の破壊が発生する．破壊電界 E_m は次式で表される．

$$E_\mathrm{m} = M\left(\frac{Y}{\varepsilon}\right)^{\frac{1}{2}} \tag{3.34}$$

ここで，Y はヤング率，ε は誘電率，M は定数である．ただし，ヤング率は温度の上昇とともに急激に減少するので，この形式による破壊電界は温度の上昇によって低下する．

コラム　スマートウインドウ

　スマートウインドウ（瞬間調光ガラスともいう）という言葉を聞いた人も多いのではないでしょうか．これは，透明ガラスを一瞬のうちに不透明にしたり，逆に不透明ガラスを透明にする機能を付与した窓のことである．基本原理としては，液晶分子に電圧がかかると一定方向に整列し屈折率が変化するという性質を利用している．

　ウインドウの中には，図に示すように，液晶分子（通常，液晶は透明高分子カプセルの中に封入されている）が透明導電膜付き高分子膜中に分散しており，電圧を印加すると液晶分子が向きを変え電界方向にそろうので屈折率が変化する．最初，電圧が印加されていない状態では，液晶の屈折率と高分子膜の屈折率が異なっており，その界面で光散乱を起こすので不透明である．ところが，電圧を印加して液晶分子の向きを変えると屈折率が変化し，高分子膜と同じになると光を散乱しなくなるので透明になる．応答速度は比較的速く，不透明か

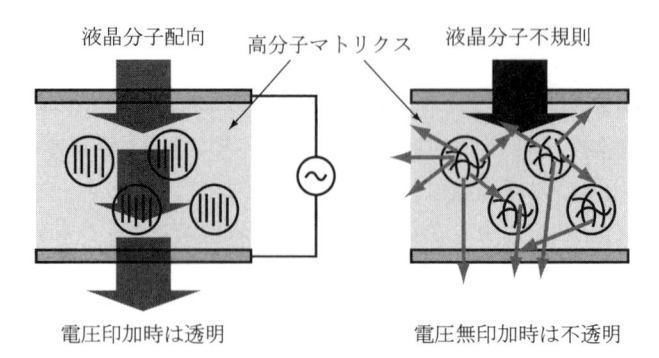

スマートウインドウの動作原理概略図

ら透明へは約 1 ms 程度，透明から不透明へは約 10 ms 程度で変化する．液晶分子の配向には液晶の粘性，界面効果などの影響があるため，電圧のオン時とオフ時で若干の時間差が認められる．なお，スマートウインドウでは偏光子が不要である．

3.4 複合誘電体と部分放電

　気体，液体，固体について，それぞれの電気伝導と絶縁破壊現象について述べてきた．しかし，通常，電気機器や電気設備では一種類の誘電体（絶縁体）で構成されることは少なく，液体と固体，気体と固体などのように組み合わせて用いることが多い．また，固体誘電体単独においてもその内部に欠陥として微小なボイドとよばれる空間が存在する場合や，何らかの影響で電極との間にわずかな空隙ができる場合があり，このような状態は高電圧工学・絶縁工学からみれば異種の誘電体の組み合わせである．このように複数の誘電体から構成されるものは複合誘電体とよばれ，実務で使われるため，その絶縁破壊現象を理解しておくことは重要である．ここでは複合誘電体の絶縁破壊の基本的な現象と考え方を述べる．

3.4.1 複合誘電体の電界と界面分極および部分放電

[1] 二層誘電体の界面分極

　電極間に種類の異なった誘電体が存在する状態の典型的な例として，図 3.18 に示すような二層誘電体の場合の**界面分極**を考えてみる．ただし，電極および誘電体は無限に広がっているものとする．第一層と第二層の誘電率をそれぞれ ε_1, ε_2，導電率を σ_1, σ_2，厚さを d_1, d_2，各層に加わる電界を E_1, E_2 とする．これに電圧 V を印加すると，印加電圧 V と流れる電流 i は，

$$V = d_1 E_1 + d_2 E_2 \tag{3.35}$$

$$i = \sigma_1 E_1 + \varepsilon_1 \frac{dE_1}{dt} = \sigma_2 E_2 + \varepsilon_2 \frac{dE_2}{dt} \tag{3.36}$$

で表される．

68 第 3 章 誘電体の電気伝導と絶縁破壊現象

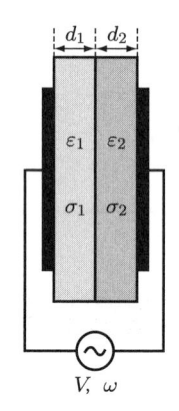

図 3.18 二層誘電体

したがって，電圧を印加してからの時間を t とすると，各層の電界 E_1 および E_2 は時間的に変化する次の式で表される．

$$E_1 = \frac{\sigma_2}{\sigma_2 d_1 + \sigma_1 d_2} V$$
$$+ \left(\frac{\varepsilon_2}{\varepsilon_2 d_1 + \varepsilon_1 d_2} - \frac{\sigma_2}{\sigma_2 d_1 + \sigma_1 d_2} \right) \cdot V e^{-\frac{t}{T}} \quad (3.37)$$

$$E_2 = \frac{\sigma_1}{\sigma_2 d_1 + \sigma_1 d_2} V$$
$$+ \left(\frac{\varepsilon_1}{\varepsilon_2 d_1 + \varepsilon_1 d_2} - \frac{\sigma_1}{\sigma_2 d_1 + \sigma_1 d_2} \right) \cdot V e^{-\frac{t}{T}} \quad (3.38)$$

ただし，

$$T = \frac{\varepsilon_2 d_1 + \varepsilon_1 d_2}{\sigma_2 d_1 + \sigma_1 d_2} \quad (3.39)$$

印加電圧がインパルスの場合には，$t \approx 0$ とおいて，

$$E_1 = \frac{\varepsilon_2}{\varepsilon_2 d_1 + \varepsilon_1 d_2} V, \qquad E_2 = \frac{\varepsilon_1}{\varepsilon_2 d_1 + \varepsilon_1 d_2} V \quad (3.40)$$

となり，**各層の電圧分担が容量分圧で決まる**ことを示し，

$$\frac{E_1}{E_2} = \frac{\varepsilon_2}{\varepsilon_1} \quad (3.41)$$

となる．交流電圧の場合，その周期は 17 ms，20 ms であり，電圧変化は ms

オーダーとなる．したがって，式 (3.39) で示される時定数の値に対して大きいか小さいかでインパルス電圧同様に扱えるかどうかわかるが，一般的にはインパルスと同様に扱うことができる．

一方，印加電圧が直流の場合，電圧印加直後は容量分圧により電圧分担が決まるが，定常状態では $t \approx \infty$ とおいて，

$$E_1 = \frac{\sigma_2}{\sigma_2 d_1 + \sigma_1 d_2} V, \qquad E_2 = \frac{\sigma_1}{\sigma_2 d_1 + \sigma_1 d_2} V \qquad (3.42)$$

となり，**各層の電圧分担が抵抗分圧で決まる**ことを示し，

$$\frac{E_1}{E_2} = \frac{\sigma_2}{\sigma_1} \qquad (3.43)$$

となる．

したがって，ε および σ の異なる二層の接触する界面には，過渡状態で二層の誘電的性質の違い，すなわち，$\varepsilon_1 \sigma_2 - \varepsilon_2 \sigma_1$ を反映して電荷が蓄積し，いわゆる界面分極が起こる．

避雷器（アレスタ）とは，雷による異常電圧から電力機器を保護するための装置である．通常は高抵抗であるが，異常電圧がかかると抵抗は小さくなり，機器に大きな電流が流れることを防ぐ．

避雷器には ZnO が用いられている．一般的に ZnO は抵抗率が $1 \sim 10 \, \Omega \cdot cm$ と比較的小さく，単結晶ではない 10 μm 程度の大きさの結晶粒が集まって形づくられている．この結晶粒と結晶粒の間（粒界）は 1 μm 程度の厚みでその抵抗率は $10^{13} \, \Omega \cdot cm$ 程度の高抵抗率である．これを ZnO と空気との複合誘電体と考える．交流電圧の印加や雷サージの侵入によって，ZnO 粒子と粒界の界面に形成されたエネルギー障壁が変形する．この界面への電荷の蓄積により障壁の高さが低下する．そのため，雷インパルス電流を多数回通電した場合，低電流領域の電圧電流特性が低下し，漏れ電流が増加する．このように，界面分極と界面の電荷蓄積によって引き起こされる電気的劣化は保護装置である避雷器においては重要な問題である．

[2] 二層誘電体の誘電率と絶縁破壊

マクスウェルの法則に従って，同じ厚さ $(d_1 = d_2 = d/2)$ の平板状二層誘電体に交流電圧を印加したときの誘電率を考える．角周波数を ω とすると各層の複素導電率 Y_1, Y_2 は，すなわち，

$$Y_1 = \sigma_1 + j\omega\varepsilon_1, \quad Y_2 = \sigma_2 + j\omega\varepsilon_2 \tag{3.44}$$

となり，全体の複素導電率 Y は，

$$Y = \frac{Y_1 Y_2}{Y_1 + Y_2} = \sigma + \frac{\omega^2 \varepsilon \varepsilon_0 \tau}{1 + \omega^2 \tau^2} + j\omega\varepsilon\left(1 + \frac{\varepsilon_0}{1 + \omega^2 \tau^2}\right) \tag{3.45}$$

となる．この式の第 1 項 σ は導電率，第 2 項 $\dfrac{\omega^2 \varepsilon \varepsilon_0 \tau}{1 + \omega^2 \tau^2}$ は二層であるために現れる誘電損に基づく導電率を表し，通常，第 1 項は第 2 項に比べて無視できるほど小さい．したがって，$\sigma + \dfrac{\omega^2 \varepsilon \varepsilon_0 \tau}{1 + \omega^2 \tau^2}$ は合成複素導電率，$\varepsilon\left(1 + \dfrac{\varepsilon_0}{1 + \omega^2 \tau^2}\right)$ は合成誘電率を表しているので，誘電正接 $\tan\delta$ は，

$$\tan\delta = \frac{\sigma + \dfrac{\omega\varepsilon\varepsilon_0 \tau}{1 + \omega^2 \tau^2}}{\varepsilon\omega\left(1 + \dfrac{\varepsilon_0}{1 + \omega^2 \tau^2}\right)} \approx \frac{\dfrac{\omega\varepsilon\varepsilon_0 \tau}{1 + \omega^2 \tau^2}}{\varepsilon\omega\left(\dfrac{1 + \omega^2 \tau^2 + \varepsilon_0}{1 + \omega^2 \tau^2}\right)}$$

$$= \frac{\omega\varepsilon_0 \tau}{1 + \omega^2 \tau^2 + \varepsilon_0} \tag{3.46}$$

となることがわかる．

この $\tan\delta$ と $\omega\tau$ の関係は図 3.19 のようになり，$\omega\tau = \sqrt{1 + \varepsilon_0}$ で最大値 $\tan\delta_{\max} = \dfrac{\varepsilon_0}{2\sqrt{1 + \varepsilon_0}}$ を示す．一方，虚数項 $\varepsilon\left(1 + \dfrac{\varepsilon_0}{1 + \omega^2 \tau^2}\right)$ を図示すると図 3.20 のようで，周波数の増加とともに見かけの比誘電率が低下する．

ここで，$\sigma = \dfrac{\sigma_1 \sigma_2}{\sigma_1 + \sigma_2}$, $\varepsilon = \dfrac{\varepsilon_1 \varepsilon_2}{\varepsilon_1 + \varepsilon_2}$, $\tau = \dfrac{\varepsilon_1 + \varepsilon_2}{\sigma_1 + \sigma_2}$, $\varepsilon_0 = \dfrac{\varepsilon_1 \sigma_2 - \varepsilon_2 \sigma_1}{\varepsilon_1 \varepsilon_2 (\sigma_1 + \sigma_2)}$ で，τ は単位電荷を運ぶのに要する時間を示す．すなわち，誘電率は $\sigma_1 = \sigma_2 = 0$ の場合に対し $\left\{1 + \dfrac{\varepsilon_0}{1 + \omega^2 \tau^2}\right\}$ 倍，複素導電率は $\dfrac{\omega^2 \varepsilon \varepsilon_0 \tau}{1 + \omega^2 \tau^2}$ だけ，増加したことになる．

一方，直流電圧を印加した場合の合成誘電率 ε_r は，$\omega \approx 0$ として，

3.4 複合誘電体と部分放電　71

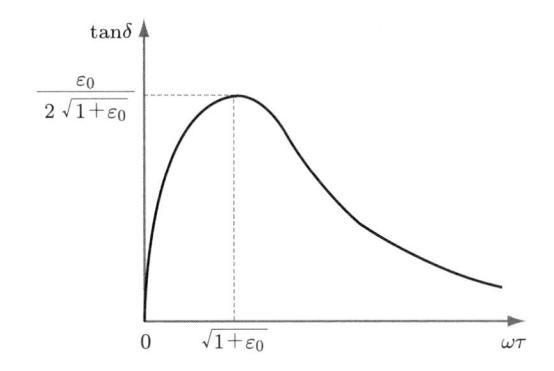

図3.19 tan δ と ωτ の関係

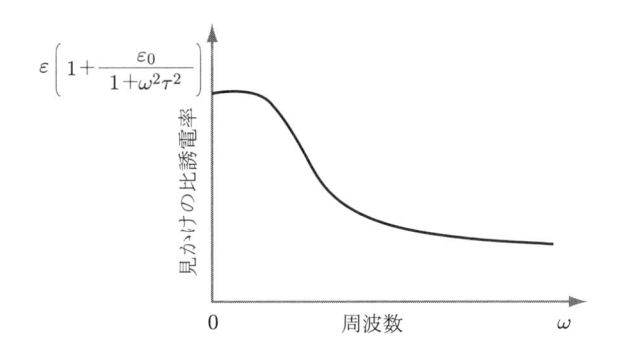

図3.20 周波数と見かけの比誘電率の関係

$$\varepsilon_r = \frac{2\varepsilon_1\varepsilon_2}{\varepsilon_1 + \varepsilon_2}\left[1 + \frac{1}{\varepsilon_1\varepsilon_2}\left\{\frac{\sigma_1\sigma_2(\varepsilon_1\sigma_2 - \varepsilon_2\sigma_1)}{\sigma_1 + \sigma_2}\right\}^2\right] \tag{3.47}$$

となり，平均値 $2\left(\dfrac{1}{\varepsilon_1} + \dfrac{1}{\varepsilon_2}\right)^{-1}$ より $\dfrac{2}{\varepsilon_1 + \varepsilon_2}\left\{\dfrac{\sigma_1\sigma_2(\varepsilon_1\sigma_2 - \varepsilon_2\sigma_1)}{\sigma_1 + \sigma_2}\right\}^2$ だけ増加したことになる．

ワグナー（Wagner）はマクスウェルの解析をさらに進めて，界面分極に対し誘電体中に電導性不純物が球状の微小粒子として分散している複合体系をモデルとして誘電率を誘導している．

ここで，このような二層誘電体について絶縁破壊の条件を考えてみる．二層誘電体に印加される電圧が，交流あるいはインパルスのように，導電率 σ の小さ

い誘電体に短時間で変化する電圧を印加すると，各層の電界 E_1, E_2 は式 (3.40) で与えられるので，電圧分担が容量分圧で決まる．このとき，第一層および第二層の絶縁破壊の強さをそれぞれ g_1 および g_2 とすると，$\varepsilon_1 g_1 < \varepsilon_2 g_2$ ならば第一層が先に破壊する．印加電圧が直流の場合，定常状態では式 (3.42) からわかるように各層の電圧分担は抵抗分圧で決まるので，$\sigma_1 g_1 < \sigma_2 g_2$ ならば第一層が先に絶縁破壊する．

例題 3.2

図 3.21 に示す二層誘電体の電極間 d に，電圧 V を印加したときの各誘電体の電界の強さを求め，誘電体が一種類の場合の電界と比較せよ．ただし，誘電体 1，誘電体 2 の誘電率はそれぞれ ε_1, ε_2 とする．また，E_1, E_2 および D_1, D_2 は，誘電体 1 および誘電体 2 の電界および電束密度をそれぞれ示す．

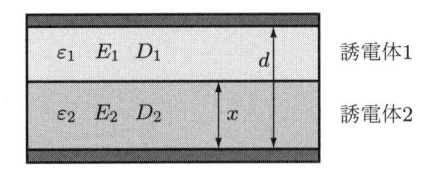

図 3.21 電極間の二層誘電体

解答

図のように，誘電体 2 の厚さを x とすると誘電体 1 の厚さは $d - x$ である．電荷密度を σ とすると，電束密度 D は電荷密度に等しいので $D = \sigma$ となる．したがって，誘電体 1 および誘電体 2 の電界の強さ E_1, E_2 は，それぞれ $E_1 = \sigma/\varepsilon_1$, $E_2 = \sigma/\varepsilon_2$ で与えられる．

$$V = E_1(d-x) + E_2 x = \sigma\left\{\frac{d}{\varepsilon_1} - x\left(\frac{1}{\varepsilon_1} - \frac{1}{\varepsilon_2}\right)\right\}$$

が成り立つので，

$$\sigma = \frac{V}{\frac{d}{\varepsilon_1} - x\left(\frac{1}{\varepsilon_1} - \frac{1}{\varepsilon_2}\right)}$$

ゆえに，

$$E_1 = \frac{V}{d - x\left(1 - \dfrac{\varepsilon_1}{\varepsilon_2}\right)}, \qquad E_2 = \frac{\varepsilon_1}{\varepsilon_2} E_1 = \frac{V}{d - (d-x)\left(1 - \dfrac{\varepsilon_2}{\varepsilon_1}\right)}$$

と求まる.

ここで，単位面積あたりの静電容量 C は，

$$C = \frac{\sigma}{V} = \frac{1}{\dfrac{d}{\varepsilon_1} - x\left(\dfrac{1}{\varepsilon_1} - \dfrac{1}{\varepsilon_2}\right)}$$

ここで，電極間の誘電体が一種類で誘電体1だけの場合（すなわち，$x = 0$ の場合）の静電容量 C_0，電界 E_0 との比を考えると，

$$\frac{C}{C_0} = \frac{\dfrac{d}{\varepsilon_1}}{\dfrac{d}{\varepsilon_1} - x\left(\dfrac{1}{\varepsilon_1} - \dfrac{1}{\varepsilon_2}\right)} = \frac{1}{1 - \dfrac{x}{d}\left(1 - \dfrac{\varepsilon_1}{\varepsilon_2}\right)}$$

$$\frac{E_1}{E_0} = \frac{d}{d - x\left(1 - \dfrac{\varepsilon_1}{\varepsilon_2}\right)} = \frac{1}{1 - \dfrac{x}{d}\left(1 - \dfrac{\varepsilon_1}{\varepsilon_2}\right)}$$

C/C_0 および E_1/E_0 の x/d に対する変化を図示すると図 3.22 のようになる．したがって，E_1 は x とともに増加し，誘電体2だけになると最初の $\varepsilon_2/\varepsilon_1$ 倍となる．

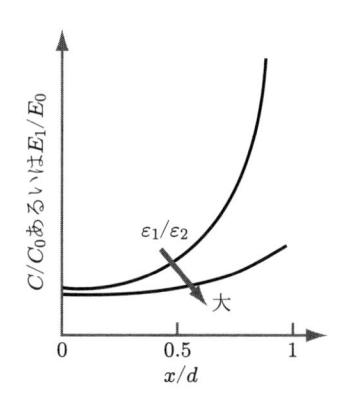

図 3.22 C/C_0 および E_1/E_0 の x/d に対する変化

[3] 三層誘電体の電界と絶縁破壊

図3.23のように平行平板電極間が三種類の誘電体層Ⅰ（厚さd_1，比誘電率ε_1），誘電体層Ⅱ（厚さd_2，比誘電率ε_2）および誘電体層Ⅲ（厚さd_3，比誘電率ε_3）で満たされている．この電極間に電圧Vが印加されたときの各誘電体層の電界E_1，E_2，E_3を求めると，

$$E_1 = \frac{\varepsilon_2 \varepsilon_3}{\varepsilon_2 \varepsilon_3 d_1 + \varepsilon_1 \varepsilon_3 d_2 + \varepsilon_1 \varepsilon_2 d_3} V$$
$$E_2 = \frac{\varepsilon_1 \varepsilon_3}{\varepsilon_2 \varepsilon_3 d_1 + \varepsilon_1 \varepsilon_3 d_2 + \varepsilon_1 \varepsilon_2 d_3} V \tag{3.48}$$
$$E_3 = \frac{\varepsilon_1 \varepsilon_2}{\varepsilon_2 \varepsilon_3 d_1 + \varepsilon_1 \varepsilon_3 d_2 + \varepsilon_1 \varepsilon_2 d_3} V$$

である．

いま，各誘電体層の厚さdが一定（電極間隔$3d$）で，誘電体層Ⅱが空気で（$\varepsilon_2 \approx 1$），誘電体層ⅠとⅢが同一固体誘電体（$\varepsilon_1 = \varepsilon_3$）ならば，

$$E_1 = E_3 = \frac{1}{(2+\varepsilon_1)d} V, \qquad E_2 = \frac{\varepsilon_1}{(2+\varepsilon_1)d} V \tag{3.49}$$

となる．固体誘電体の誘電率は1より大きく，各誘電体層の厚さが同じであるので，**中間誘電体層の空気の部分に，より大きな電界がかかることになる**．固体は気体に比べて絶縁破壊電界が高いため，**電極間の電圧を徐々に上げていくと，空気層で放電が起こる**．このとき，固体層にかかる電圧（電界）が絶縁破壊電圧（電界）以内であれば全路破壊せず，放電は空気層のみでの部分放電にとどまる．しかし，実際には空気層での部分放電の影響を受けて固体誘電体は徐々に劣化する場合があり，最終的に全路破壊が引き起こされることもある．

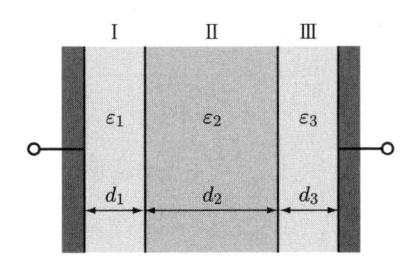

図 3.23　平行平板電極間の三層誘電体

3.4.2 ボイド放電

3.3節で述べたように，電極間に異種誘電体が存在する場合，誘電率の小さい領域により強い電界がかかり電圧分担も大きくなる．その結果，たとえば気体と固体の複合誘電体の場合，固体の誘電率は気体の誘電率に比べて数倍大きく，また，絶縁破壊電界も固体のほうが高いため，気体層で部分放電が生じる．

図3.24(a)のような，固体誘電体で満たした電極間に**ボイド**とよばれる小さな空隙が1個存在しているところに交流電圧が印加された場合を考える．印加電圧がボイド中の気体の絶縁破壊電圧を超えたとき，ボイド内で放電が起こる．一般にこの放電のことを**ボイド放電**とよび，これを例にとって部分放電の性質についてさらに説明する．

図(b)に図(a)の等価回路を示す．その電極間にボイドの存在しない領域（ボイドに並列な領域）の静電容量 C_p，ボイドの静電容量 C_v，ボイドに直列な領域の静電容量 C_s としている．また，C_v に並列に設けられたギャップgが，ボイドにおける放電発生時のボイド部分の短絡を表す．

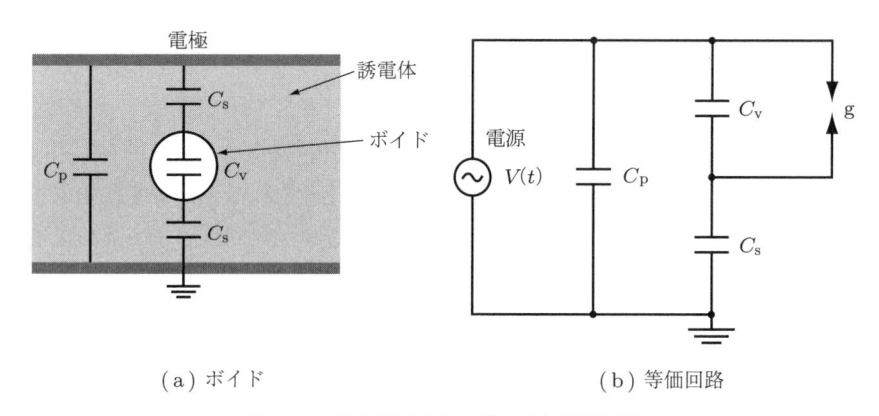

(a) ボイド　　　(b) 等価回路

図3.24 固体誘電体中のボイドと等価回路

電極間に交流電圧 $V(t)$ が印加されたとき，図3.25の点線で示されている上記の静電容量によって分圧された電圧 $V_c(t)$ がボイド部分にかかる．①このボイドにかかる電圧 $V_c(t)$ が放電開始電圧（Discharge Inception Voltage）V_i に達するとボイド内は短絡されるので，回路のギャップgが短絡される．このた

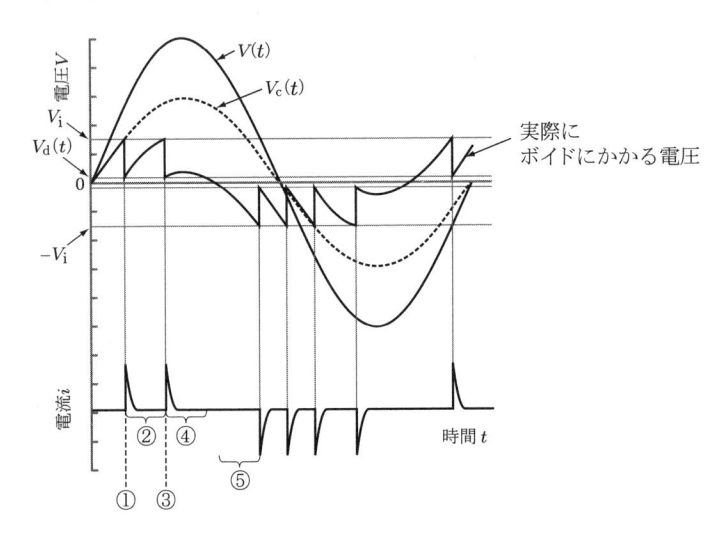

図3.25　ボイド放電における電圧と電流の関係

め，一瞬にしてC_vに蓄えられた電荷はギャップを通じて放電されてパルス状の放電電流が流れ，②C_vの電圧は放電がとまる電圧（放電消滅電圧V_d）まで減少する．すなわちボイド内の放電は停止しギャップgは再び開いた非導通になる．電極間の電圧$V(t)$が上昇すれば，C_vは再び充電されて電圧がかかるが，③V_iに達すればまた放電が生じV_dまで減少する．以降これを繰り返す．④印加電圧が最大値付近になると，C_vの電圧が放電消滅電圧V_dから放電開始電圧V_iに引き上げられなくなり，放電は停止状態を続ける．⑤交流であるので電圧が低下し，電圧極性は反転して，C_vの電圧が$-V_i$となれば，再びボイド内で放電が生じて，上述の現象が繰り返される．

　実際の放電では，放電によって発生した電子，正イオンはボイド内壁に蓄積され，外部から印加されている電界と逆方向の電界をつくるので，外部からの電界と内部の電界は一致しない．また印加電圧に対する放電の発生位相も変わる．

3.4.3 誘電体バリア放電と沿面放電

[1] バリア放電

図 3.18 の二層誘電体や図 3.23 の三層誘電体において，いずれかの誘電体層を絶縁破壊電界の高い固体誘電体，残りの層を気体誘電体として，印加電圧を適当に調整すると，全路破壊することなく気体層でのみの部分放電が生じる．このような放電を**誘電体バリア放電**とよんでいる．

誘電体バリア放電には二種類のものがあり，図 3.26(a) の複合誘電体の上下に電極が配置され，その間の気体層で生じるものを**体積型バリア放電**，図 (b) の二つの電極が固体誘電体下部あるいは内部に設置され，固体誘電体表面で起こる放電は**共面型バリア放電**とよばれる．誘電体バリア放電はボイド放電と基本的に同じ原理となる．

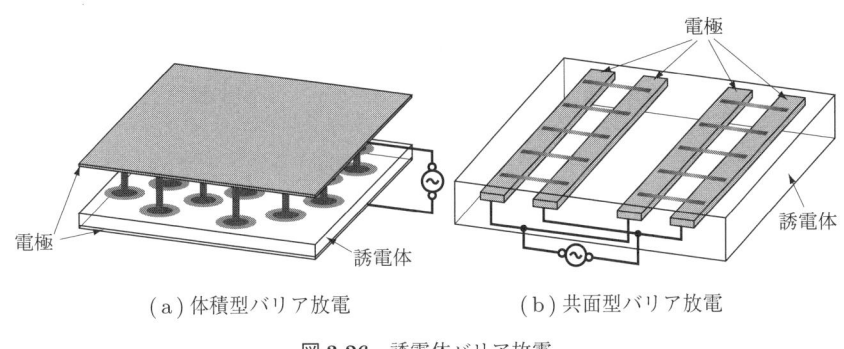

(a) 体積型バリア放電　　(b) 共面型バリア放電

図 **3.26**　誘電体バリア放電

ところで，気体層で部分放電が生じると，それにともなって電荷（電子，正負イオン）が発生する．この電荷は外部電界による力で移動し，固体誘電体表面に蓄積され，**壁電荷**を形成する．図 3.27 にその電荷の状態を示す．壁電荷のつくる内部電界は外部電界に対して逆方向であり，気体層の電界を弱め，放電を維持するのに必要な電界以下となると放電は止まる．これは，3.4.2 項ボイド放電で説明したパルス状の放電電流が流れた後，C_v の電圧が**放電消滅電圧**まで低下して放電が停止することに対応している．また，印加電圧が次のサイクルに移るとき，壁電荷が残った状態で外部からの印加電圧の極性が変われば，外

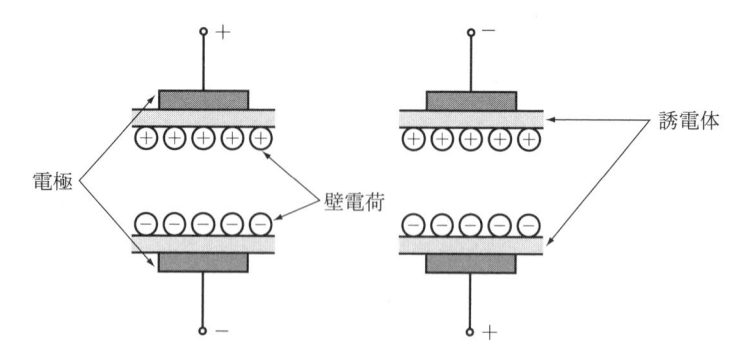

図 3.27 誘電体バリア放電における壁電荷の形成

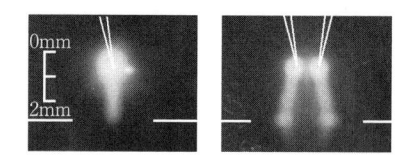

図 3.28 針電極と平板電極間の誘電体バリア放電の様子

部電界と壁電荷による電界は同方向で電界を強め合うことになる．よって最初のサイクルに比べて気体層の電界は早く放電開始電界に達するので，バリア放電は容易に起こる．これは図 3.25 において，印加電圧 $V(t)$ が負の半サイクル以降電圧に対する放電開始の位相が変化することに対応する．図 3.28 は 2 本の針電極と平板電極間に誘電体板を置いたときのバリア放電の様子であるが，固体誘電体表面に蓄積される電荷の影響を受けて，二つの放電路が反発し合うように発生していることがわかる．

[2] 沿面放電

複合誘電体は気体と固体，液体と固体などの異種誘電体からなっているが，一方の電極より生じた放電が固体や液体を貫通し全路破壊を起こすのではなく，異種誘電体の界面を進展し，最終的に電極間を橋絡する現象がみられる．このような放電現象を**沿面放電**とよぶ．また，このとき誘電体の破壊や変質，劣化をともなわずに橋絡するものを沿面**フラッシオーバ**，黒く焼け焦げたような放電痕（炭化導電路）など誘電体表面の破壊，変質などの劣化をともなう場合をト

ラッキングとして区別する．沿面放電は図 3.29(a) に示すように，電極間の電界（電気力線）が誘電体表面が平行になるように，固体あるいは液体誘電体が存在するものと，図 (b) のように電界（電気力線）を横切るように誘電体が挿入されたものと二種類の配置があり，前者は**電界平行形**，後者は**電界交差（直交）形**と称される．

　沿面放電が発生しはじめる場所としては，針電極などの鋭い先端（たとえば電極表面の突起）ような電界集中点が挙げられる．また，複合誘電体の特徴として，二種の誘電体と電極の三種が接する**三重点**が存在することが挙げられる．図の球電極と誘電体板の接点や，平板電極と接する誘電体の切り欠き部分で，誘電率の小さなものが楔形となって接する三重点では，その電界が理論上無限大となることが知られている．このような突起，三重点などの電界集中点が放電開始点となり沿面放電が生じる．図 3.30 は，針–平板間に絶縁板をおいてインパルス電圧を印加したときの沿面放電の様子であるが，正極性では節状の発光を，負極性では球状の発光を伴った沿面放電となっている．この違いは，誘電体表面の電荷の状態が異なることが一因と考えられている．沿面放電は印加電圧の種類，誘電体の性質などに左右される．

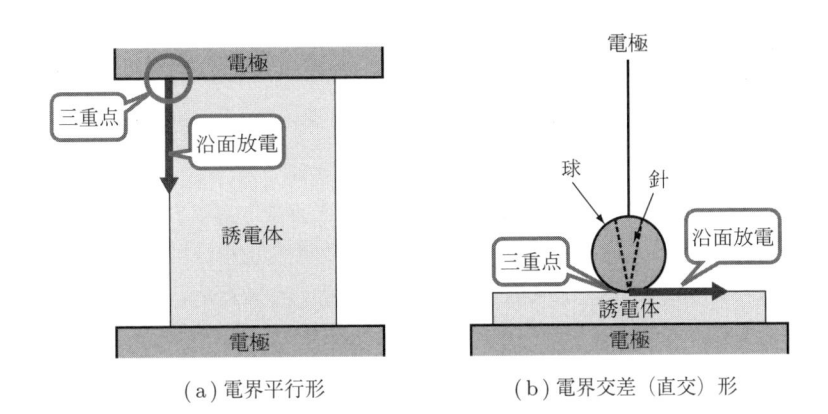

(a) 電界平行形　　　(b) 電界交差（直交）形

図 3.29　沿面放電

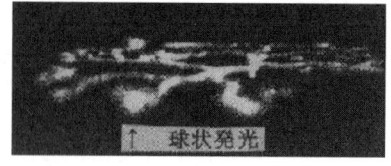

(a) 正極性　　　　　　　　　　(b) 負極性

図 3.30　針-平板間に誘電体板を置いてインパルス電圧を印加したときの沿面放電の様子

[3] 放電の利用

複合誘電体の気体層で起こる誘電体バリア放電や沿面放電は，放電による高エネルギーを利用して化学反応を起こさせるのに利用されている．たとえば，6.12節でも述べるが，殺菌，消臭能力の高いオゾンを，空気や酸素を用いて大量に発生させる方法として，誘電体バリア放電や沿面放電を利用した**オゾナイザー**が知られており，最近では NO_x の処理にも利用されている．また，放電によって発生したエネルギーで蛍光体を励起し，脱励起過程で生じる発光を利用したものが6.2節で述べる**プラズマディスプレイ**であり，プラズマテレビは有名である．

3.5 雷概説

1.1節でも簡単に触れたが，ここでは雷の発生と落雷について述べる．大気中の水蒸気を含んだ大気が上昇気流に乗って断熱膨張して生じた氷の摩擦によって生じた静電気が雷の正体である．落雷時の電圧および電流を調べ，その電気エネルギーも見積もってみよう．また，誘導雷の発生機構，および落雷電流による電位の上昇についても検討し，雷についての認識を深める．

3.5.1 雷雲の発生

雷は，大気の状態がある一定の条件を満たしたときに発生する．高度と気温，気圧の関係を表3.1に示す．たとえば，地上の温度が15°Cのとき，高度が5 kmの地点の気温と気圧は，それぞれ，約 -17.6°C，540 hPaである．地上の高温多湿な空気に含まれる水蒸気は気流となって急上昇すると，上空は気圧が低い

ために断熱膨張する．すると，気流は急冷され，表3.2に示すように飽和水蒸気量が減少するため，水蒸気が水になり，さらに冷やされて氷となり，積乱雲が発生する．

積乱雲の中では氷が上昇気流で衝突し，摩擦によって，正，負の静電気を帯びる．大きい氷と小さい氷を擦りあわせると，小さい氷は正に，大きい氷は負に帯電する．そのため，図3.31のように雷雲の下部には負に帯電した大きな氷が

表3.1 高度・温度・気圧の関係

高度 [km]	温度 [°C]	気圧 [hPa]
0	15.0	1013
1	8.5	898
2	2.0	795
3	−4.6	701
4	−11.1	616
5	−17.6	540
6	−24.1	472
7	−30.6	410
8	−37.1	356
10	−50.1	264
20	−57.2	55
30	−47.2	12
40	−22.2	3
50	−3.2	0.8
60	−28.2	0.2

表3.2 温度と飽和水蒸気量の関係

温度 [°C]	飽和水蒸気量 [g/m^3]
35	39.6
30	30.4
25	23.1
20	17.3
15	12.8
10	9.4
5	6.8
0	4.8

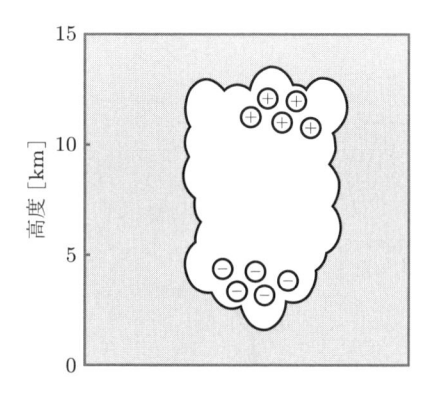

図3.31 夏雷

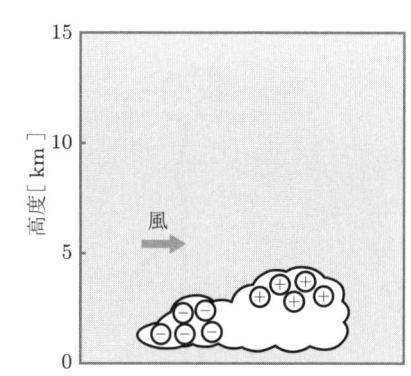

図3.32 冬雷

集まり，雷雲上層部に正に帯電した小さな氷が集まる．これを熱雷とよび，夏によく起きるので夏雷ともいう．前線があると，上昇気流が発生しやすく，このような場所で発生する雷を界雷とよぶ．

冬季の日本海沿岸では，シベリア大陸からくる寒気団と海面付近の低層部との温度差が大きいときに，図 3.32 のような雲が発生する．雪片の摩擦によって帯電し，雪雲の中に発生する雷を冬雷とよぶ．冬雷は図 3.32 に示すように雷雲の高度が低い．

3.5.2 落 雷

摩擦帯電によって生じた電荷による電界が空気の破壊電界を超えると，放電が発生する．落雷時の様子を時間分解すると，図 3.33 に示すように，まず雷雲下部から前駆放電が約 1 μs 間に階段状に約 50 m 進んで，その後約 50 μs 休む．この過程を繰り返して前駆放電は進展する．この階段状の放電路が地表に達すると，地表から雷雲に向かって導電率の高い放電路が形成される．これがいわゆる落雷である．したがって，私たちが落雷といっているのは，実はこの上向きの放電をさすのである．この最初の落雷の後に同じ放電路で前駆放電と主放電が繰り返し発生する場合を多重雷という．

一般的に送電線がある場合，その上部にある架空地線に落雷するが，落雷が送電線を直撃すると，その雷電流が大きい場合には，送電線側の電圧が異常に上昇する．この異常電圧によって懸垂がいし連の表面を伝って，鉄塔側に放電が

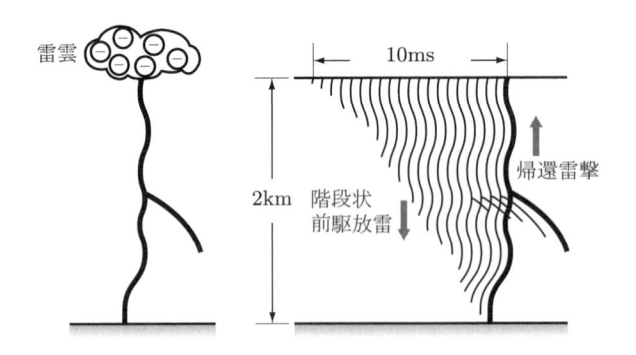

図 3.33 落雷の過程

起こる．これを逆フラッシオーバという．もちろん，この現象が起きると，送電線の送電が止まる．

例題 3.3

雷雲の高さが 2 km のとき，落雷時の電圧，電流と電荷量はいくらか．ただし，雷電流を 100 kA とする．

解答

大気圧の平等電界における破壊電圧は，1 cm あたり 30 kV である．しかし，不平等電界となると，正極性で 1 cm あたり 14 kV，負極性で 9 kV で放電する．前述したように，雷の進展パターンは雷雲と大地の間を一気に短絡するのではなく，進展と停止を繰り返しながら進むが，ここでは雷の電荷が負であること，および電界分布を考慮して，1 cm あたり約 9 kV で絶縁破壊すると仮定する．さて，雷雲の高さを 2 km とすると，雷雲と大地の電位は，18 億 V となる．しかし，実際には，最大でも 2 億 V といわれている．

雷電流の大部分は 100 kA 以下であるが，300〜500 kA のものも観測されている．数 μs で立ち上がり，波尾長は数十 μs である．そこで，波尾長を 40 μs として，雷落時の放電電荷量を見積もると，

$$100 \text{ kA} \times 40 \text{ μs} = 4 \text{ C}$$

となる．一般的に多重雷を含めた平均的な値は 25 C といわれている．

例題 3.4

落雷時の電圧を 10^8 V，放電電荷量を 4 C とした場合，落雷の電気エネルギーはいくらか．

解答

電気エネルギー W は，

$$W = 電圧 \times 電荷量 = 10^8 \text{ V} \times 4 \text{ C} = 4 \times 10^8 \text{ VAs}$$
$$= 1.1 \times 10^2 \text{ kWh}$$

となる．一般家庭の 1 日の使用電力量を 10 kWh であるとすると，一回の落雷の電気エネルギーで約 11 日分の電力量に相当する．落雷が多重雷（25 C）の場合は，約 70 日分の電力量になる．

3.5.3 誘導雷

　誘導雷とは電力設備に直に落雷しない場合でも，付近への落雷で異常電圧が生じる場合をいう．誘導雷の例として，送電線を取り上げる．雷雲の下部に生じた負電荷によって，図 3.34 に示すように送電線上に逆極性の拘束電荷が生じる．これは摩擦耐電によって生じた電荷が，離れた位置にある物体に逆極性の電荷を誘導するのと同じである．この送電線以外の場所に落雷して，雷雲の負電荷が失われると，拘束電荷は開放されて図 3.35 に示すように，送電線の左右に進行波 e となって進む（付録参照）．これが送電線への誘導雷である．その進行波は，$e = \alpha h E/2$ である．ただし，E は落雷直前の送電線直下の電界，h は送電線の高さ，α は放電線数で，$\alpha \ll 1$ である．一般に誘導雷の発生頻度は直撃雷より多い．雷雲の接近によって多くの場所で図 3.34 のように電荷が誘導されるので，それらが進行波となり，通信機器，制御機器などを破壊する．

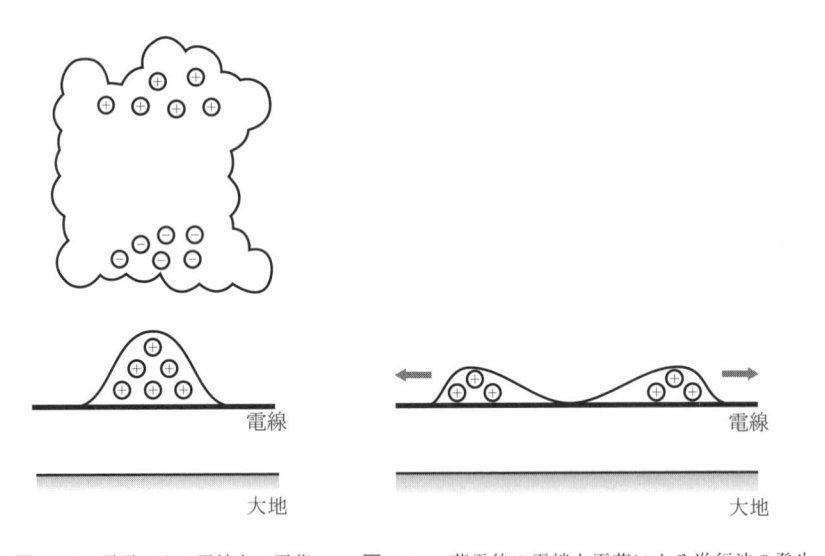

図 3.34　雷雲による電線上の電荷　　図 3.35　落雷後の電線上電荷による進行波の発生

3.5.4 落雷時の注意

戸外で雷雲が迫ったときに，樹木に寄り添ったり，樹木のそばに避難することがある．この点についての注意を促したい．すなわち，樹木に落雷すると，そこに雷電流が流れる．しかし，接地抵抗 $R\,[\Omega]$ が存在するので，樹木の電位 V は，$V = iR\,[\mathrm{V}]$ と落雷時に上昇する．もちろん，樹木にも抵抗があるので，その樹木の電位は，上部ほど高くなる．落雷時の電位分布を考えると，樹木の幹，枝から離れた位置に避難することが肝要で，枝の下に身を寄せるのは落雷時に樹木からの放電（側撃という）を招くので，このような避難をすべきでない．もちろん，樹木の幹に身を寄せると，樹木への落雷時の高電圧，大電流を直に受けるので，このような場所に避難しないことが大切である．

一般的には，コンクリートの建物，予想外だろうが金属の箱の中は雷から遮蔽されていて，その例である自動車の中に避難すると安全で，戸外では身を屈めるとよい．釣り竿，ゴルフのクラブなどの突起物へは落雷しやすいので注意を喚起したい．前駆放電は約 50 m ずつ進展して大地に向かうことを頭においてもらいたい．

演習問題 3

1 平行平板電極において，電極間隔 (5 cm) を一様に X 線で照射し，大気中単位体積 (1 cm³) あたり毎秒 10^7 個の正負イオン対を生成したとき，飽和電流はいくらになるか．

2 グロー放電を安定に維持するためにはどうしたらよいか．

3 α 作用（電子の衝突電離作用）と γ 作用（正イオンが陰極に衝突して二次電子を放出する作用）による電極間の電流密度 I_0 を求めよ．

4 パッシェンの法則について詳述せよ．

5 ボイド放電について述べよ．

6 コロナ放電を分類して略述せよ．

7 同軸円筒電極を例として，コロナの発生条件を説明せよ．

8 電子付着とはどのような現象か説明せよ．また，高い電子付着能をもつ気体が，高い絶縁破壊電圧（電界）を示す理由を述べよ．

9 液体誘電体としての変圧器油の具備すべき性質を述べよ．

コラム　懸垂がいしについて調べよう

電線を支える支持物として用いられる絶縁物を一般にがいしという．図(a)のようながいしを懸垂がいしとよび，複数個連結して用いる．送電鉄塔に10個の懸垂がいし連をつけて送電線を保持したとき，鉄塔から数えたがいし番号とその負担電圧の割合を図(b)に示す．平均的に電圧を負担すれば，負担電圧は10%となるが，実際には送電線につながるがいしが約21%となり，最低の負担は鉄塔から4番目となる．これはがいしの周辺から接地された鉄塔あるいは送電線との間に浮遊容量が形成されるためである．

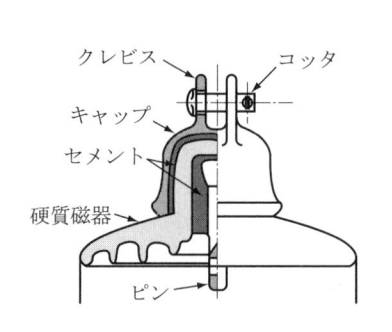

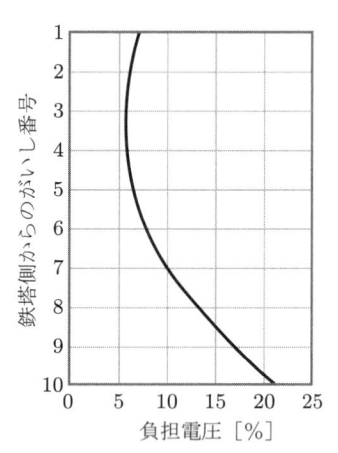

（a）標準懸垂がいし

（b）懸垂がいし連の負担電圧

なお，12トンの荷重に耐える直径250 mmの標準懸垂がいしを用いるとして，公称電圧66 kVのときに4個，154 kVのときに9個，187 kVのときに11個，275 kVのときで16個のがいしが用いられる．さらに500 kVでは33トンの荷重に耐える大型の懸垂がいし23個，1000 kVでは42トンに耐える大型の懸垂がいしが38個使用されている．したがって，送電鉄塔の懸垂がいしの数を調べると，送電電圧を知ることができる．

第4章 高電圧・大電流の発生と測定

　電気機器，電力設備やそれを構成する部品，材料の各レベルで，高電圧印加あるいは大電流通電における絶縁性の確保が要求される．特に，絶縁破壊現象は印加電圧，電流波形に影響をされるため，種々の波形をもつ高電圧，大電流下で絶縁性の試験を行う必要がある．それゆえ，高電圧工学，絶縁工学においては，各種波形の高電圧・大電流の発生，正確な測定はきわめて重要な分野である．

　本章では，高電圧・大電流の発生と測定の基本を述べる．

4.1　インパルス高電圧，インパルス大電流

　短い時間で急激に変化し，その変化が一回だけあるいは不規則な時間間隔で孤立して発生する状況をインパルスという．変化する量が電圧，電流であるとき**インパルス電圧，インパルス電流**とよんでいる．高電圧・絶縁工学においては，雷によって発生する雷インパルス高電圧や，雷インパルス大電流や，電力系統網に組み込まれた開閉器の動作によって発生する開閉インパルス高電圧を取り扱うことが多い．したがって，インパルス電圧，インパルス電流の発生と計測は重要であり，この節ではこれらの技術について述べる．

4.1.1　雷とインパルス電圧，インパルス電流

　電気機器，電力設備は通常運転条件における高電圧，大電流に耐える絶縁性を有することはもちろんのこと，異常時における高電圧，大電流に対しても絶縁性を保持できるように設計しなければならない．たとえば，機器の異常を引き起こす原因となるものに3.5節で示した雷がある．送電線や機器，設備への直撃雷や誘導雷などによってこれらの中に過電圧が生じる．このような過電圧は，雷サージあるいは雷過電圧とよばれる．また，落雷時にはきわめて大きな

雷電流が流れることになる．したがって，雷サージを模した電圧の発生と，供試体への印加による絶縁試験が重要となる．

直流電圧や正弦波交流電圧では，電圧値と周波数が決まれば一義的に電圧波形が決まるのに対して，時間的に大きく電圧が変化するインパルス電圧では，いくつかのパラメータによってその波形を規定する必要がある．図4.1に雷インパルス電圧波形を示すが，このインパルス電圧波形は波高値，波頭長，波尾長によって規定される．**波高値**は電圧波形においてもっとも高い電圧値を表す．図4.1に示されている電圧波形の立ち上がり（電圧上昇部）において，波高値の30%の点と90%の点を結ぶ直線と，時間軸すなわち電圧0%と交わる点を**規約原点** O_N とする．規約原点 O_N から先の直線を延ばして波高値に達する（点M）までの時間を波頭長 T_f と定める．また，規約原点から波高値に達した後，50%に下がるまで（点H）の時間を波尾長 T_t と定める．（波頭長／波尾長）の表記によって電圧波形を表す．波頭長 $T_f = 1.2$ μs，波尾長 $T_t = 50$ μs の場合，電圧波形は (1.2/50) μs と表記され，これが**標準雷インパルス電圧**として規定されている．

図4.1 雷インパルス電圧波形

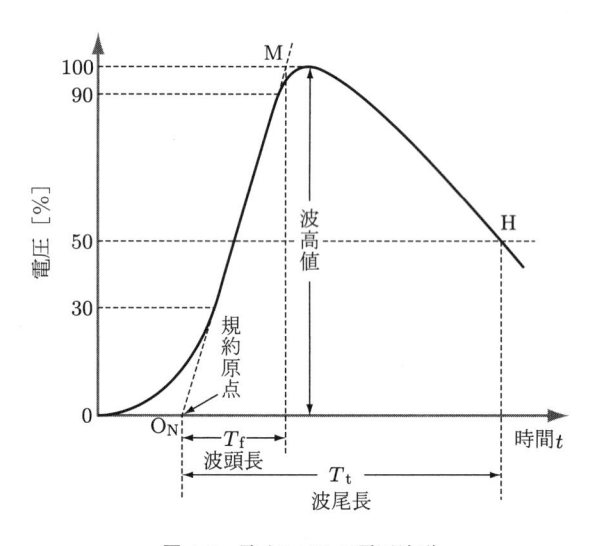

4.1.2 インパルス電圧発生の原理と基本回路

インパルス電圧発生の基本回路を図 4.2 に示す．いずれの回路においても過渡現象を利用したもので，直流電源で構成される充電回路による主コンデンサ C の充電で蓄積したエネルギーを，スイッチとなるギャップ G の短絡によって放電回路へと瞬時に放出することによっている．なお，充電抵抗は省略している．

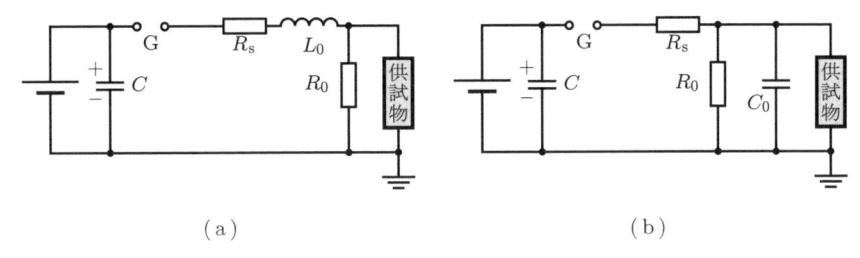

(a)　　　　　　　　　　(b)

図 4.2　インパルス電圧発生の基本回路

図 4.2(a) の回路において，主コンデンサ C を充電した後，ギャップ G を短絡したとき，次式の回路方程式が成り立つ．

$$L_0 \frac{di}{dt} + (R_0 + R_\mathrm{S})i + \frac{1}{C}\int_0^t i\,dt = V_0 \tag{4.1}$$

ここで，V_0 は充電電圧である．このときの電流 i を求める．式 (4.1) の一般解は，

$$i = A_1 e^{-\alpha_1 t} + A_2 e^{-\alpha_2 t} \tag{4.2}$$

である．ここで，

$$\begin{aligned}\alpha_1 &= \frac{R_\mathrm{S} + R_0}{2L_0} - \sqrt{\left(\frac{R_\mathrm{S} + R_0}{2L_0}\right)^2 - \frac{1}{L_0 C}} \\ \alpha_2 &= \frac{R_\mathrm{S} + R_0}{2L_0} + \sqrt{\left(\frac{R_\mathrm{S} + R_0}{2L_0}\right)^2 - \frac{1}{L_0 C}}\end{aligned} \tag{4.3}$$

である．また，式 (4.2) を微分して，

$$\frac{di}{dt} = -\alpha_1 A_1 e^{-\alpha_1 t} - \alpha_2 A_2 e^{-\alpha_2 t} \tag{4.4}$$

式 (4.2) において，初期条件 $t = 0$ のとき $i = 0$ を用いると，$A_1 = -A_2$ が得

られる．また，$t=0$ で $i=0$ であるので別の初期条件として $t=0$ で次の関係も得られる．

$$L_0 \frac{di}{dt} = V_0 \tag{4.5}$$

以上の初期条件を用いて，A_1，A_2 を求めると，

$$A_1 = -A_2 = \frac{V_0}{R_S + R_0} \cdot \frac{\alpha_1 + \alpha_2}{\alpha_1 - \alpha_2} \tag{4.6}$$

が得られる．したがって，R_0 の両端の電圧 $V(t)$ は，

$$V(t) = iR_0 = A_3 V_0 \left(e^{-\alpha_1 t} - e^{-\alpha_2 t}\right) \tag{4.7}$$

となる．図 4.3 に示すように $(R_S + R_0)^2 < 4L_0/C$ のとき $V(t)$ は減衰振動するが，$(R_S + R_0)^2 \geq 4L_0/C$ であれば $V(t)$ はインパルス電圧となることがわかる．特に，$(R_S + R_0)^2 = 4L_0/C$ の条件においてもっとも効率よく主コンデンサの蓄積エネルギーを負荷に印加できる．また，式 (4.7) の第 2 項がインパルス電圧波形の波頭部を，第 1 項が波尾部を支配するが，α_1，α_2 は次のように近似される．

$$\alpha_1 = \frac{1}{C(R_S + R_0)}, \qquad \alpha_2 = \frac{R_S + R_0}{L_0} \tag{4.8}$$

すると，インパルス電圧の波頭は放電抵抗 R_0，制動抵抗 R_S およびインダク

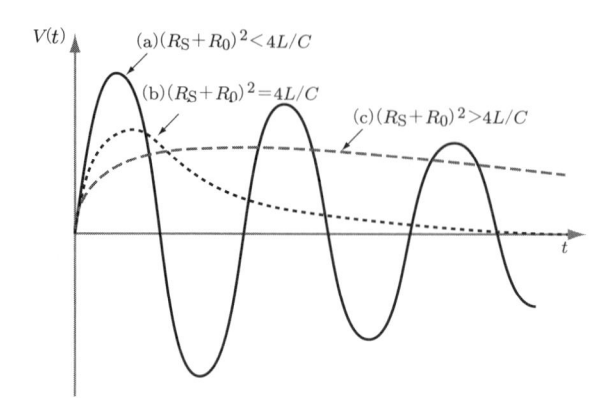

図 4.3 インパルス電圧波形

タ L_0 で決まり，波尾は主コンデンサ C と R_0, R_S で決まる．図 4.2(b) に示した回路についても同様にしてインパルス電圧が発生できることが理解できる．また，この場合，波頭は R_S と C_0 で，波尾は R_0 と C で決まることになる．

例題 4.1

図 4.2(a) に示した回路の雷インパルス電圧発生において，主コンデンサ $C = 0.0833$ μF，放電抵抗 $R_0 = 540\ \Omega$，制動抵抗 $R_S = 120\ \Omega$，波形調整用インダクタンス $L_0 = 260$ μH のとき，得られるインパルス電圧の波頭長，波尾長を求めよ．

解答

図 4.2(a) に示した回路で発生するインパルス電圧の波頭長は式 (4.7) からわかるように α_2 によって決まる．したがって，波頭長 T_f は $\alpha_2 = K/T_f$ で与えられる．なお，波尾長 T_t は $\alpha_1 = K'/T_t$ である．ここで K, K' はインパルス電圧波形係数とよばれ，T_t/T_f によって決まる．α_1, α_2 を求めると，

$$\alpha_1 = \frac{1}{C(R_S + R_0)} \approx 1.82 \times 10^4, \quad \alpha_2 = \frac{R_S + R_0}{L_0} \approx 2.54 \times 10^6$$

となる．インパルス電圧波形係数 K, K' は，標準雷インパルス波形においては $(T_t/T_f \approx 42)$，おおよそ $K = 2.9$, $K' = 0.75$ であることが知られている．これを用いると，波頭長 T_f は $T_f = 1.1$ μs，波尾長 T_t は $T_t = 41.2$ μs となる．

4.1.3 多段式インパルス高電圧発生器

図 4.2 の基本回路を用いてインパルス高電圧を発生させる場合，その能力は充電回路の直流電源，特に整流素子と主コンデンサの性能，能力によって決まるので，絶縁試験に必要な高電圧を必ずしも発生できるとは限らない．そこで，実際には基本回路を多段接続し，複数個の主コンデンサを直列あるいは並列充電した後，直列放電させて高電圧の出力を得る方法がとられている．この方法は，マルクス（E. Marx）が最初に考案したため，一般に**マルクス回路**とよばれている．

図 4.4 に多段式インパルス電圧発生器の充電回路を示す．図 4.4(a) の直列充電方式では，各段のコンデンサを充電するための充電抵抗をすべて直列に接続したものである．各段のコンデンサを V_0 に充電した後に，始動ギャップ G_1 を

(a) 直列充電方式　　　(b) 並列充電方式

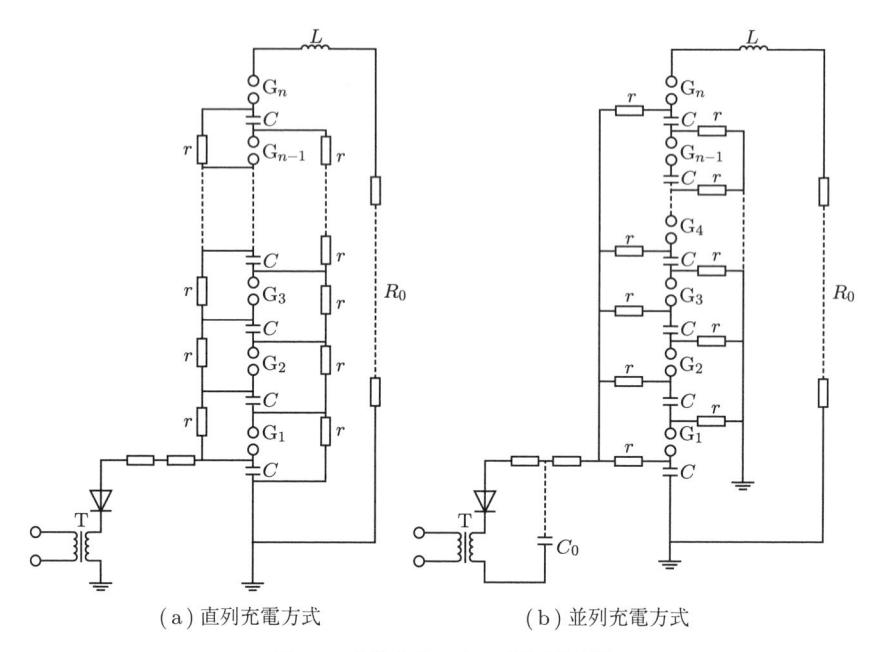

図 4.4　多段式インパルス電圧発生器

放電させると，上段のギャップ $G_2, G_3, \ldots, G_n$ には順次高い電圧がかかるようになり，次々とギャップは放電して，すべてのコンデンサが直列接続されることになる．その結果，放電抵抗 R_0 には nV_0 の電圧が発生することになる．放電抵抗を並列にしても同様のことが可能である（図 4.4(b)）．直列充電方式では充電抵抗はギャップの耐圧以上あればよいが，並列充電方式ではさらに高い耐圧が必要となる．

次に，**倍電圧発生回路**を図 4.5(a) に示す．この回路では，二つのコンデンサ C_1, C_2 は抵抗 R を介して並列になっており各々 V_0 に充電されるが，始動ギャップ G_1 が短絡すると C_1, C_2 は直列となって放電するので，放電抵抗 R_0 には $2V_0$ の電圧が発生する．この倍電圧発生回路と前述の直列充電方式を組み合わせたものが，図 (b) の**倍電圧直列充電方式**である．

各段のコンデンサが V_0 に充電されたとき，ギャップ $G_1, G_2, G_3, \ldots, G_n$ には $2V_0$ かかっている．ここで，始動ギャップ G_s を放電によって閉じて回路の一

(a) 倍電圧発生回路　　　(b) 倍電圧直列充電方式

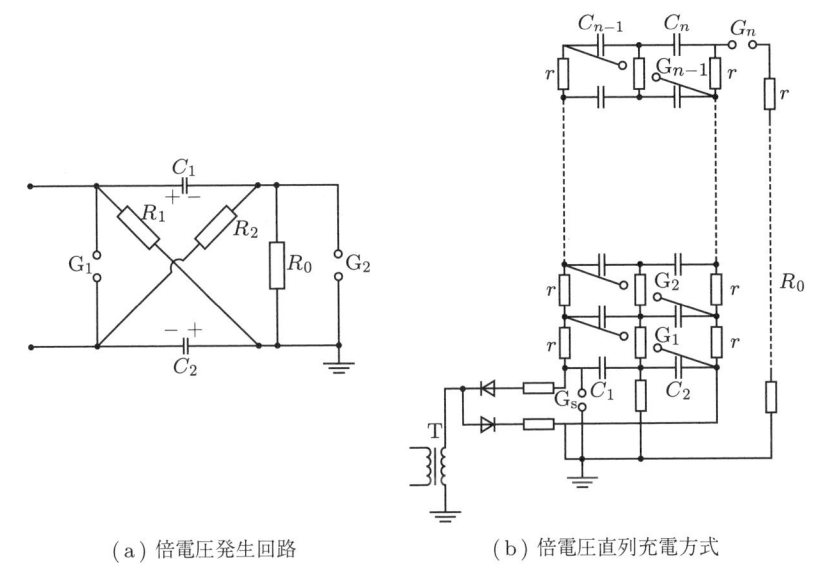

図 4.5　倍電圧方式によるインパルス高電圧発生器

端を接地電位にすると，ギャップ G_1 には $3V_0$ かかることになり，放電が生じて短絡する．その瞬間ギャップ G_2 にかかる電圧が $5V_0$ になり短絡する．以降，ギャップ $G_3,\ldots,G_n$ が順次短絡してすべてのコンデンサが直列に接続されるので，倍電圧発生回路を n 段接続すると $2nV_0$ の電圧が出力されることになる．

インパルス電圧発生器では，始動ギャップの特性が重要である．瞬間的に始動ギャップを短絡する必要があるため，通常は放電によって短絡させるスパークギャップが用いられている．実際の装置の始動ギャップには図 4.6 に示すような**有孔半球ギャップ**や**三点ギャップ**が用いられている．有孔半球ギャップでは，針電極と球電極 2 の間で火花を発生させると主ギャップが低い電圧で容易に放電するようになり，発生器の始動特性をよくすることができる．また，三点ギャップでは，球電極 3 と球電極 1 あるいは球電極 2 の間で火花を発生させると，球電極 1 と球電極 2 間の主ギャップが容易に放電するようになり，良好な始動特性が得られ，ナノ秒オーダーの波頭長をもつインパルス電圧の発生も可能である．

(a) 有孔ギャップ　　　　(b) 三点ギャップ

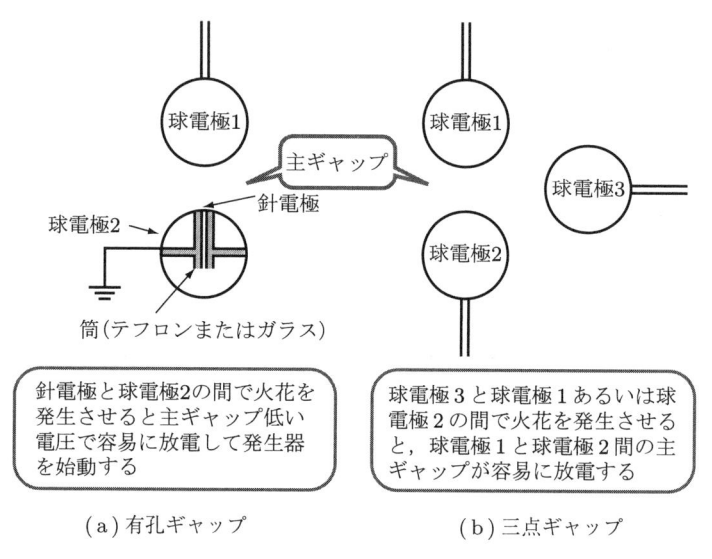

図 4.6　実際の装置の始動ギャップ

4.1.4　インパルス大電流の発生

落雷時の雷サージは電圧が高いだけでなく，雷放電によって大きな電流も流れる．したがって，インパルス大電流の発生も求められる．充電抵抗を省略したインパルス電流発生の基本回路を図 4.7 に示すが，制動抵抗 R_S が無いだけで，原理的にはインパルス電圧の発生と同じである．

主コンデンサ C を充電した後ギャップ G を閉じたときの過渡電流は式 (4.3) で与えられる．このとき回路が非振動条件 $R_0^2 > 4L_0/C$ を満たすように定められていれば，インパルス電圧と同様に，単極性のインパルス電流が負荷 R に流

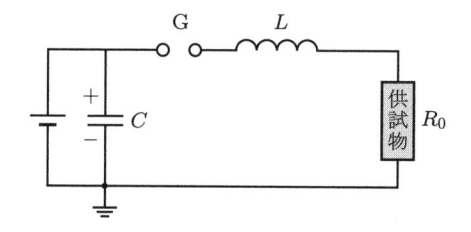

図 4.7　インパルス電流発生の基本回路

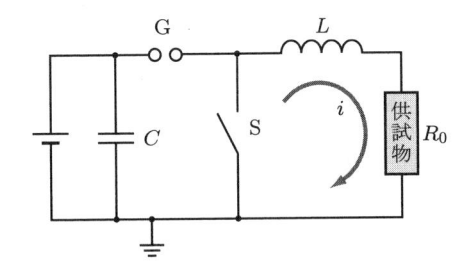

図 4.8 クローバ回路

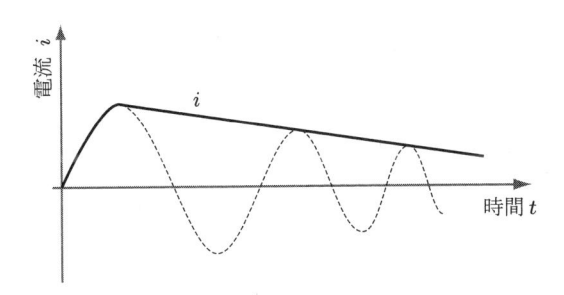

図 4.9 インパルス電流波形

れることは理解できる．実際には，主コンデンサを複数個並列接続し，さらに多段接続することによって，インパルス高電圧・大電流を発生する．

一方，式 (4.3) の電流が振動する場合，$R_0^2 < 4L_0/C$ を考えてみる．図 4.8 に示すように，新たにスイッチ S を設置すると，ギャップ G を短絡した瞬間に電流が流れはじめる．次に，電流が最大になった瞬間にスイッチ S を入れると電流は L，R_0 と S による閉回路を流れることになる．そのため，電流は R_0 のみで消費され，コイルのインダクタンス L と負荷 R_0 で決まる時定数で減衰する電流となる．したがって，このような回路を用いれば，振動条件においても単極性の電流を比較的長時間発生できる（図 4.9）．この回路を**クローバ回路**といい，スイッチ S を**クローバスイッチ**とよぶ．

4.1.5 開閉インパルス電圧

雷サージを模擬した雷インパルス電圧の発生についてはすでに述べたが，実際の電力系統においては雷サージだけではなく，系統内に設置された 4.5.3 項で

(a) 電圧波形　　　　　　　(b) 発生回路

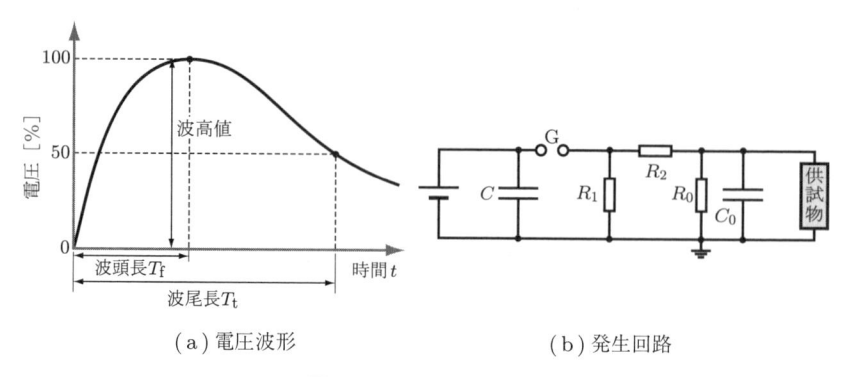

図 4.10　開閉インパルス

述べる遮断器の動作にともなうサージが発生する．これは開閉サージとよばれ，複雑な減衰振動波形であるが，雷インパルスに比べて緩やかな変化であり，標準雷インパルス電圧波形は (1.2/50) μs と規定されているのに対して**標準開閉インパルス電圧**は (250/2 500) μs と規定されている．なお，図 4.10(a) に示すように波頭長，波尾長の定義が図 4.1 の雷インパルスと若干異なっている．開閉インパルス電圧の発生も，図 4.2 に示した基本回路（充電抵抗は省略）をもとにしたものとなっているが（図 4.10(b)），波頭，波尾ともに緩やかにするため，構成回路要素の値は大きくとる必要がある．

4.2　交流高電圧の発生

4.2.1　試験用変圧器

　商用周波数の高電圧を発生するためには，**試験用変圧器**とよばれる装置が用いられる．一般に，送配電に用いられる電力用の変圧器では大容量を扱い，常時運転することを考えて設計されているが，絶縁破壊試験を行うための高電圧発生源を目的とする試験用変圧器では，その仕様，構造は異なってくる．試験用変圧器の特徴を以下に挙げる．

① 比較的低い電圧から高電圧まで発生できるようになっており，巻線比，変圧比が大きい．

② 大きな負荷電流を要しないので定格容量は小さい（フラッシオーバ試験

に要する電流が確保できればよい）．また，短絡電流も小さい．
③ 長時間運転による試験に用いる場合以外は，短時間定格であるので強制的な冷却の必要があまりない．
④ 部分放電試験に用いる場合には，変圧器内部での部分放電，コロナ放電が発生しないように（無コロナ），局部高電界が発生しないよう特に注意を払う必要がある．
⑤ 雷サージなどをあまり考慮する必要がない．

1 台の試験用変圧器で 1 000 kV 以上発生させることは可能であるが，発生電圧が高くなると内部の絶縁に距離を要するので大型の装置となり，運搬，設置，安全性，経済性などの問題が出てくる．そのため，図 4.11 に示すような適度な出力をもつ試験用変圧器の**縦続接続方式**が採用される．出力電圧 V の試験用変圧器 Tr_1, Tr_2, Tr_3 を接続する．一段目の試験用変圧器 Tr_1 の二次（高圧）巻線の一部を三次巻線として，これを二段目の試験用変圧器 Tr_2 の入力とする．このとき，耐電圧 V 以上で対地絶縁する．同様に，変圧器 Tr_2 の出力から変圧器 Tr_3 の入力を得て，耐電圧 $2V$ 以上で対地絶縁して，最終的に 3 段目の試験用変圧器 Tr_3 から $3V$ の対地電圧を得ることができる．

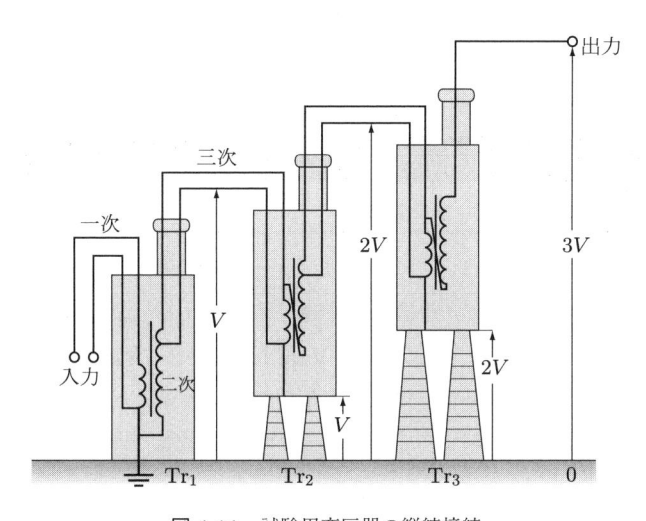

図 4.11 試験用変圧器の縦続接続

4.2.2 共振回路

図 4.12 に示す LC 直列共振回路で,共振によってコンデンサ C の両端に高電圧を印加することができる.図 4.12 のコンデンサ C として,電力ケーブルや電力用コンデンサなど静電容量の大きな供試体を配置する.可変リアクトル L（誘導性リアクタンス,インダクタンス）を変化させて電源周波数で共振させると供試体の両端に電源変圧器の出力よりも高い電圧が印加されるが,リアクトルの耐圧に注意する必要がある.また,供試体が絶縁破壊すれば共振しなくなるので短絡電流は小さく抑えられることになるという特徴がある.この方法は,電力ケーブルや電力用コンデンサなどの供試体を共振のコンデンサとするので,これらの絶縁試験用の電源として使用される.

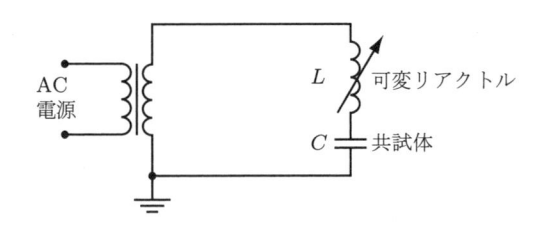

図 4.12　LC 直列共振による交流高電圧の発生

4.3　直流高電圧の発生

4.3.1　バン・デ・グラーフ発電機

直流高電圧の発生方法はいくつかあるが,その中でもっとも原理的かつ直接的に発生させる方法として,**静電気発電機**が挙げられる.図 4.13 に静電気発電機の代表例である**バン・デ・グラーフ**（Van de Graaff）**発電機**を示す.静電気発電機の基本原理は,空中の導体球と大地間に対地容量 C が存在することを利用している.導体球を帯電することによって対地容量 C を充電すれば,帯電電荷量 Q に比例した対地電圧 $V\ (=Q/C)$ が発生する.

実際の装置では,装置下部に設けられた直流コロナ発生器で正電荷 $+q$ を発生させ,絶縁性のベルトにこの電荷を付着させて,上部の中空球に運び,そこ

4.3 直流高電圧の発生　99

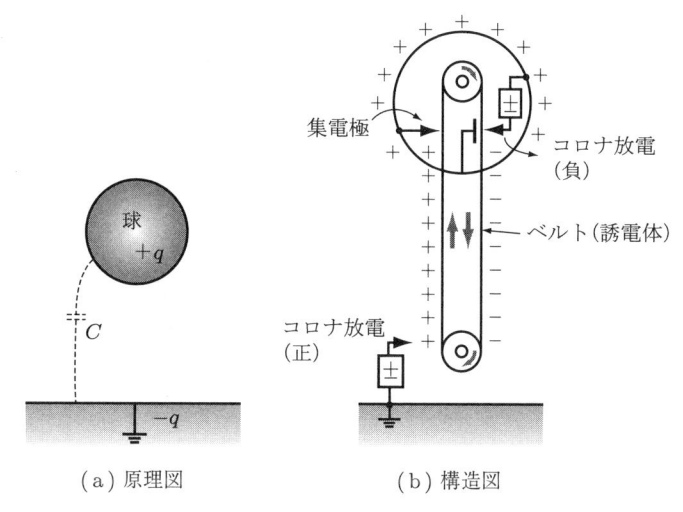

(a) 原理図　　(b) 構造図

図 4.13　バン・デ・グラーフ発電機

で集電極で集めて球電極を帯電させる．その後，絶縁性のベルトは上部で負に帯電されて，球電極より負電荷を取り出して下部に戻る．これを繰り返すことによって球部分を大きな対地電圧にすることができる．ただし，装置下部に比べて球電極の対地容量を小さくする必要がある．装置を絶縁性ガス内に設置することでさらに高電圧の発生が可能である．

4.3.2 整流方式

一般に，直流電圧は交流電圧の整流によって得ることができる．すなわち，高電圧を発生する変圧器の出力側に，整流回路を組み合わせることで直流高電圧を得る．図 4.14 に，整流器 D で半波整流し，コンデンサ C により平滑化する基本的な整流回路と得られる電圧波形を示す．交流の出力電圧 $V(t)$ がコンデンサ C の端子電圧より高いとき，整流器は順方向で電流が流れコンデンサ C は最大値 V_m まで充電される．交流電圧 $V(t)$ がコンデンサの端子電圧よりも低いとき，出力電圧としてコンデンサの端子電圧が維持される．したがって，変圧器の出力の最大値を V_m とすると，直流出力電圧として $V_\mathrm{DC} \approx V_\mathrm{m}$ が得られる．また，交流電圧が $-V_\mathrm{m}$ のとき，整流器 D には $V_\mathrm{DC} + V_\mathrm{m} \approx 2V_\mathrm{m}$ の電圧が

(a) 整流回路　　　　　　　　(b) 電圧波形

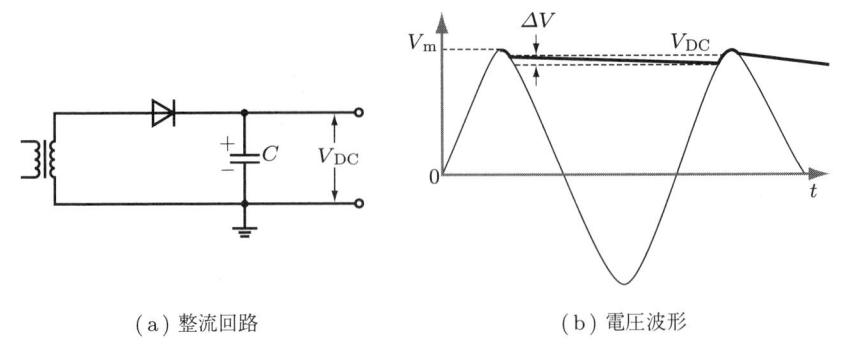

図 4.14　整流回路と電圧波形

逆方向にかかることになるので，整流器には $2V_m$ 以上のの逆方向耐電圧が必要である．整流器としては，古くは真空管が用いられていたが，半導体素子の耐電圧などの性能向上によって，現在では半導体整流器が多く用いられている．

直流出力端に負荷 R を接続した場合，コンデンサの放電によって負荷に電流が流れ電荷は消費されるので，交流電圧 $V(t)$ がコンデンサの端子よりも低い放電期間（時間 t）中は負荷にかかる電圧が徐々に下がる（図中の ΔV）．これは**脈動**あるいは**リップル**とよばれる．

コンデンサが放電によって失う電荷量 ΔQ は，抵抗負荷 R に流れる平均電流を I_{DC} とすると，

$$\Delta Q = C\Delta V = I_{DC} t \tag{4.9}$$

である．これと $V_{DC} = I_{DC} R$ から，

$$\frac{\Delta V}{V_{DC}} = \frac{1}{CR} t \tag{4.10}$$

となる．いま，I_{DC} が小さければ放電期間 t は，用いた交流電圧の周期にほぼ等しいとみることができ，周波数を f とすると，**リップル率** ($\Delta V/V_{DC}$) は次式となる．

$$\frac{\Delta V}{V_{DC}} = \frac{1}{fCR} \tag{4.11}$$

また，図 4.15 に示すように，整流器を複数個直列接続することでリップルを小

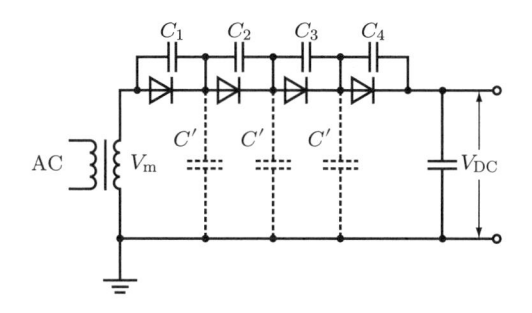

図 4.15 整流器の直列接続

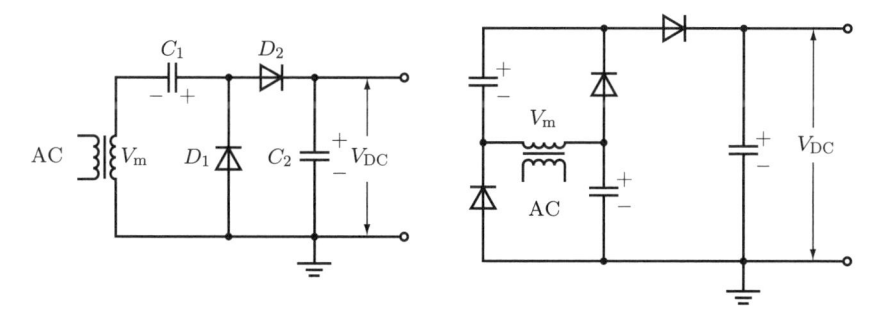

(a) 倍電圧整流回路（ビラード回路）　　(b) 3 倍電圧整流回路

図 4.16 直流電圧増倍回路

さくすることができる．なお，$C_1, C_2, C_3, \ldots$ は各整流器にかかる逆方向電圧を均一化するためのもので，C' は対地容量である．

さらに，図 4.16 のように 2 個あるいは 3 個の整流器とコンデンサを組み合わせることによって，変圧器出力電圧の 2 倍，3 倍の直流出力電圧を得ることができる．図 4.16(a) の倍電圧整流回路では，交流の正の半波（図の変圧器の右側端が正になる状態）において整流器 D_1 は順方向で，コンデンサ C_1 は V_m まで充電される．次の負の半波では，整流器 D_1 は逆方向となるが整流器 D_2 は順方向となり，コンデンサ C_1 と変圧器出力によってコンデンサ C_2 は $2V_m$ まで充電される．したがって，直流出力電圧 V_{DC} として $V_{DC} = 2V_m$ が得られる．この回路は**ビラード回路**とよばれ，次に説明する多段縦続整流回路の代表であるコッククロフト-ウォルトン回路の基本となっている．

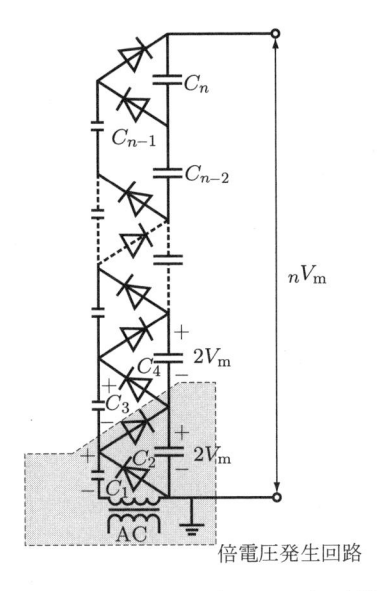

図 4.17 コッククロフト-ウォルトン回路

コッククロフト-ウォルトン回路を図 4.17 に示す．ビラード回路と同じくコンデンサ C_1 は V_m で，コンデンサ C_2 は $2V_\mathrm{m}$ で充電される．さらに，C_3 は C_2 で，C_4 は C_3 で充電されることになるので，C_2 から C_n まではすべて $2V_\mathrm{m}$ で充電される．また，直流電圧の出力端は $C_2, C_4, \ldots, C_n$ の $n/2$ 個のコンデンサの直列接続となっているので，$V_\mathrm{DC} = nV_\mathrm{m}$ の直流電圧が得られる．また，各整流器の逆方向耐電圧は $2V_\mathrm{m}$ 以上であればよいことになる．

コラム **温室効果ガス**

物質を構成している原子は，正電荷をもつ原子核と負電荷を有する電子雲の重心は一致している．同種の原子で構成されている二原子分子も正電荷と負電荷の重心位置は一致している．しかし，異種原子で構成された分子では，正電荷の重心と負電荷の重心は必ずしも一致しない．これは，分子を構成している原子の電気陰性度が異なっているためである．したがって，分子は図 (a) に示すような永久双極子モーメント μ をもつことになる．ここで，μ の大きさは $\mu = ql$ で与えられ，その方向は負電荷から正電荷の方向である．ただし，l は

正負電荷の重心位置のずれを示している．

　二酸化炭素 CO_2 は，温室効果ガスとしてもっともよく知られている．温室効果ガスが温室効果を示す機構は，電波の送受信と同じである．たとえば，CO_2 分子の正負電荷の重心位置は一致し，永久双極子モーメント μ はないが，電気陰性度の高い酸素原子は負に，電子陰性度の低い炭素原子は正に帯電している．図 (b) に示すように気体分子は重心を固定して振動しており，その振動数は気体分子に依存するが赤外線領域にある．このように分子振動している CO_2 分子は，双極子モーメントをもつことになり，アンテナとして働くようになるので同じ振動数をもつ赤外線が近づくと，CO_2 分子はこの赤外線を吸収して分子振動が激しくなる．しばらくすると，同じ振動数の赤外線を等方的に放出してもとの振動数に戻る．永久双極子をもつ分子では，正負電荷間の距離が伸縮して分子振動しているので，同様の赤外線の吸収と放出が生じる．分子振動で双極子モーメントの方向が変わるときに赤外線の吸収と放出が起こる．

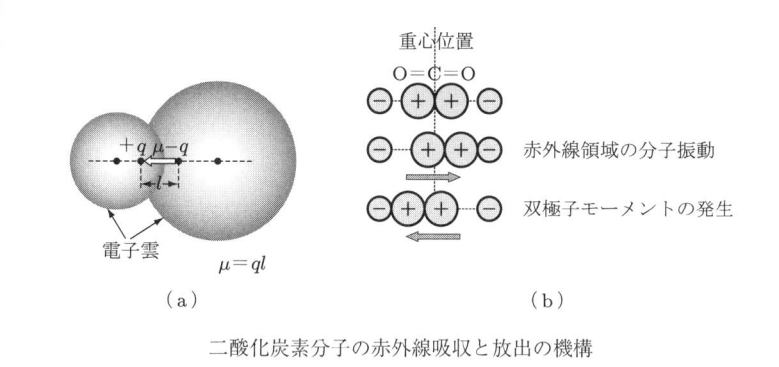

二酸化炭素分子の赤外線吸収と放出の機構

4.4 高電圧の測定

4.4.1 分圧器

　測定対象となる高電圧波形には，直流，交流，インパルスなどが挙げられる．しかし，各電圧波形に固有の留意点もあるが，測定の基本原理，さらには測定に使用する器具，装置類はいずれの波形においても共通であることが多い．ここではまず，直流，交流，インパルスに共通の高電圧測定法である分圧器による方法と，各波形の測定における注意点を述べる．

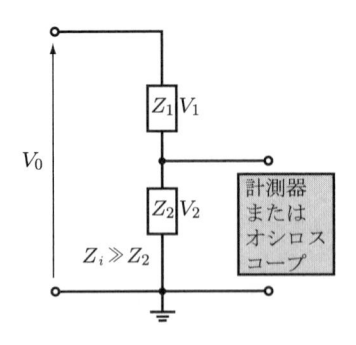

図 **4.18** 分圧器の原理

分圧器の原理は，図 4.18 に示すように高電圧 V_0 の測定端から，二つのインピーダンス素子 Z_1, Z_2 を直列に接続して接地する．そのとき，Z_1, Z_2 にかかる電圧は，インピーダンスの大きさによって V_1, V_2 に分圧される．ここで $Z_1 \gg Z_2$ とすれば，Z_2 にかかる電圧 V_2 は V_1 に比べて小さくかつ，Z_2 の両端に接続する計器（電圧計やオシロスコープ）で測定可能な値にすることができる．このとき測定される V_2 を用いて V_0 を表すと，

$$V_0 = \left(1 + \frac{Z_1}{Z_2}\right) V_2 \tag{4.12}$$

となる．ただし，接続する計器としては入力インピーダンス Z_i が Z_2 の値に比べて十分大きなものを用いる必要がある．インピーダンス素子に抵抗を用いた場合は**抵抗分圧器**，コンデンサを用いた場合は**容量分圧器**，抵抗とコンデンサの組み合わせによる場合は**抵抗容量分圧器**と称する．また，抵抗 R_1, R_2 による抵抗分圧において，抵抗 R_2 の代わりに内部抵抗 R_i ($R_1 \gg R_i$) をもつ電圧計，あるいは電流計を用いてその電圧，あるいは電流と内部抵抗の値から内部抵抗にかかる電圧 V_2 を得て，測定端電圧 V_0 ($= (R_1/R_i)V_2$) を求めることもできる．この場合，特に倍率器とよばれる．

抵抗分圧器は，直流や商用周波数程度の交流およびインパルス電圧の測定に用いられる．高い電圧の測定では，使用する抵抗（分圧器）に高い抵抗値，耐電圧などが求められ，大型化する．大型の抵抗では，大地との対地容量が無視

できなくなるので，シールド電極が設けられたシールド抵抗分圧器，あるいは抵抗容量分圧器を用いることになる．また，インパルス電圧の測定においては次に示す理由から，測定回路に十分注意を払わねばならない．図 4.19 にインパルス電圧の測定回路を示す．

　分圧器で分圧された電圧は，高周波用の同軸ケーブルで測定器へと導かれる．ケーブルは分布定数回路であるので，**サージインピーダンスを Z とすると**，電圧波は R_1，R_2，$R_3 + Z$ で分圧されてケーブルに入り，ケーブル出口へと伝播されていく．ケーブルの出口では，測定器側のインピーダンス（$R_4 + R_5$）とサージインピーダンス Z が等しければ，電圧波はそのまま測定器へ伝わる．これを**整合**という．しかし，等しくない場合，一部は測定器に伝わるが，一部は反射され反射波がケーブルを左方向に進み，ケーブルの入口に戻る．このとき入口から分圧器側のインピーダンス（$R_3 + R_1 R_2/(R_1 + R_2) \approx R_3 + R_2$）と，サージインピーダンス Z が等しければ，その時点でケーブルを伝わる反射波はなくなるが，等しくなければ再び反射波がケーブルを出口側へ進んでいくことになる．このように反射波が生じると，測定器に入力される R_5 の電圧波形，電圧値は変化してしまうので，測定精度に問題を生じる．したがって，測定に際しては，反射波が生じないように，整合がとれた式 (4.13) 下記の条件で測定を行わなければならない．

$$R_2 + R_3 = Z = R_4 + R_5 \tag{4.13}$$

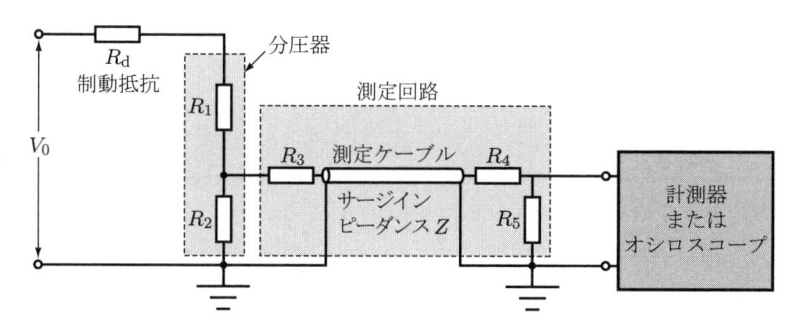

図 4.19　インパルス電圧の測定回路

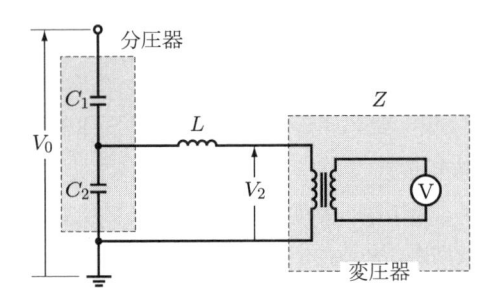

図 4.20 コンデンサ形計器用変圧器

　容量分圧器は，主に交流（商用周波数から高周波）や開閉インパルス高電圧の測定に用いられる．容量分圧器の代表的なものとして懸垂がいしがある．また，高電圧の測定では抵抗分圧器同様，シールド電極を要する．抵抗分圧器で述べた反射波は，容量分圧器では完全に抑えることはできない．

　容量分圧器では，電圧の測定に内部インピーダンスの大きな計器を使用しなければならない．そこで，図 4.20 のように低圧用コンデンサ C_2 にインダクタンス L とインピーダンス Z を接続する．ここで，インピーダンス Z は変圧器と計測器で構成されている．このとき，分圧コンデンサ C_1，C_2 と，インダクタンス L を共振条件に設定する．高電圧測定端の電圧 V_0 と測定電圧 V_2 の関係は，

$$\frac{V_0}{V_2} = \frac{C_1 + C_2}{C_1} + \frac{1 - \omega^2 L(C_1 + C_2)}{j\omega C_1 Z} = \frac{C_1 + C_2}{C_1} \quad (4.14)$$
$$(\because 1 = \omega^2 L(C_1 + C_2))$$

となり，容量分圧器の分圧比で求まる．このようなものをコンデンサ形計器用変圧器という．

4.4.2　静電電圧計

　高電圧の測定に用いられる指示計器の代表的なものとして**静電電圧計**がある．これは，対向する一対の電極間に電圧が印加されたときに働く静電吸引力を利用したものである．図 4.21(a) のように，固定電極 H から距離 d のところに面積 S の可動電極 E が配置されている．両電極間に電圧 V が印加されて，固定電極および可動電極の電位が V_1，V_2 で，電極間の静電容量を C とすれば，電

極間に蓄えられるエネルギー W は，

$$W = \frac{1}{2}CV^2 = \frac{1}{2}\frac{\varepsilon_0 S}{d}(V_1 - V_2)^2 \tag{4.15}$$

となる．いま，可動電極の仮想変位 $-\Delta d$ を考えると，エネルギーの変化 ΔW は，可動電極にかかる力（吸引力）を F とすると，$\Delta W = F(-\Delta d)$ であるので，かかる力 F は次式で表せる．

$$F = -\frac{\Delta W}{\Delta d} = \frac{1}{2}\cdot\frac{\varepsilon_0 S}{d^2}(V_1 - V_2)^2 \tag{4.16}$$

したがって，吸引力は印加電圧 V の 2 乗に比例することになる．図 4.21(b) に静電電圧計の構造を示すが，吸引力が働く可動電極側にばねを介して電圧値を指示する針が取り付けられている．吸引力が駆動トルクを生じ針は回転する．しかし，針が回転すると，ばねはねじれるのでもとに戻ろうとする復元力が働く．これが制動トルクとなる．その結果，駆動トルクと制動トルクのつりあう位置で針は止まり，値を指示する．すなわち，V^2 によって決まる回転角で針は止まることになる．したがって，静電電圧計では直流および交流の実効値が測定できる．

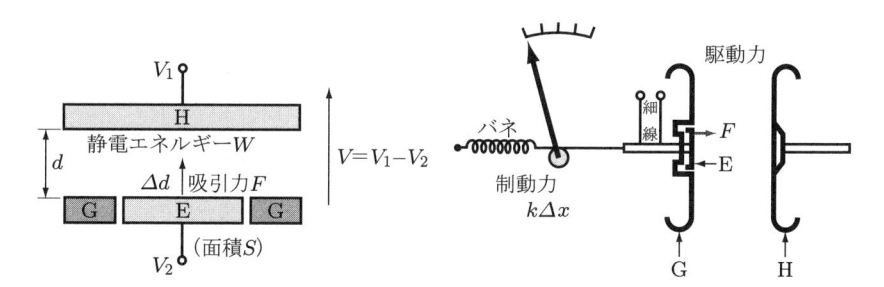

図 4.21 静電電圧計

4.4.3 波高電圧計

交流電圧やインパルス電圧では，その波高値の測定が必要となる場合がある．波高値は，半波整流回路と内部抵抗の大きな直流電圧計の組み合わせで測定することができる．図 4.22 に分圧器と整流回路を組み合わせた波高電圧計を示す．図 4.22(a) の場合では，その分圧比は C_1, C_2, C の三つの容量によって決まり，その倍率 m は，

$$m = \frac{C_1 + C_2 + C}{C_1} \tag{4.17}$$

である．図 4.22(b) のインパルス波高電圧計では，インパルス電圧は短時間の単発現象であるので，充電の時定数は小さくする一方，放電の時定数は大きくする必要がある．また，コンデンサの端子電圧は入力インピーダンスの大きい増幅器を通して電圧を測定する．最近では，増幅器，ディジタル技術の発展にともない，ディジタル表示の波高電圧計もよく使用されている．

(a) 電圧形波高電圧計　　(b) インパルス波高電圧計

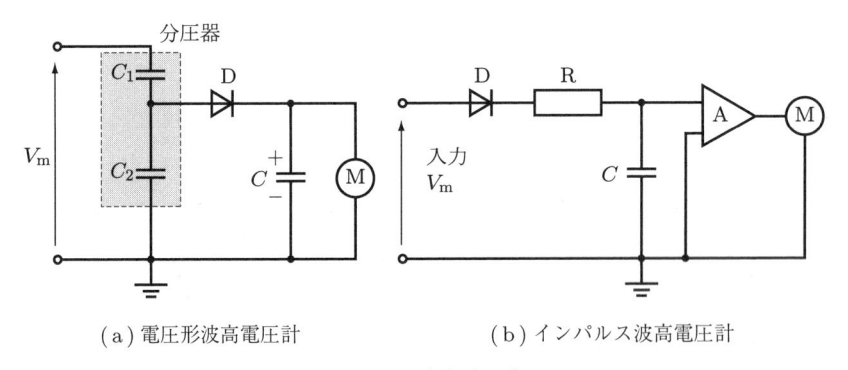

図 4.22　波高電圧計

4.4.4 球ギャップを用いた電圧測定

パッシェンの法則によると，火花電圧は圧力と電極間距離の積で決まる．たとえば，大気中の場合，圧力はほぼ 1 気圧であるので電極間距離で決まることになる．図 4.23 のように対向した一対の球電極のギャップ長 G が球の直径 $2r$ より短く，一定の条件を満たせば，ギャップの電界は平等電界あるいは準平等電界と

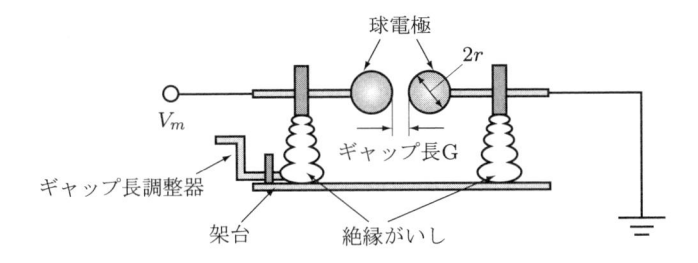

図 4.23 球ギャップによる電圧測定

なる．いくつかの決められた直径の球に対して，条件を満たすギャップ長 G について放電を起こす確率が50%となる **50%火花電圧** V_{50} が直流，交流，インパルス電圧波形に対してある一定の条件（気温 $t_0 = 20°C$，気圧 $p_0 = 101.3$ kPa，絶対湿度 $5 \sim 12$ g/m^3（平均 8.5 g/m^3））で実験的に求められている（放電は統計的現象であるためこのような規定を用いる）．

また，測定に用いられる球電極は**標準球**とよばれる．標準球を用いて，ギャップ長 G を一定として徐々に印加電圧を上昇させて放電を起こさせるか，電圧を一定として徐々にギャップ長を縮めていき，放電を起こさせ，その確率が50%になるようにする．このときの電圧が50%火花電圧となる．この測定値は，標準値の求められている温度や気圧などの試験環境とは異なる環境で得られたものなので，補正する必要がある．相対空気密度 δ と湿度係数 κ によって補正がなされ，実際の火花電圧すなわち印加電圧の測定値 V が求まる．相対空気密度 δ が $0.95 < \delta < 1.05$ の範囲であれば，絶対湿度を h [g/m^3] として，次式で補正される．

$$V = \kappa \delta V_0 \tag{4.18}$$

$$\delta = \frac{p}{p_0} \cdot \frac{273 + t_0}{273 + t} = \frac{293}{101.3} \cdot \frac{p}{273 + t}, \quad \kappa = 1 + 0.002\left(\frac{h}{\delta} - 8.5\right)$$

この球ギャップを用いた電圧測定には次のような点に注意する必要がある．

① 球の表面状態（汚れ，傷など）に注意する．
② 測定前に予備放電を行う．
③ 放電時の異常電圧，電流に対する保護のため高圧側に保護抵抗を設置する．
④ 大気中の微小な浮遊物に注意する．
⑤ インパルス電圧の測定では紫外線の照射を要する場合がある．

4.5 大電流の測定

4.5.1 分流器

供試体に流れる大電流を測定するには，供試体に直列に小さな抵抗 R_1 に，それに並列に大きな抵抗 R_2 を挿入する方法がある．供試体に流れる電流は，R_1 と R_2 に分割されて流れることになる．したがって，R_2 に流れる電流を電流計で測定するか，あるいは R_2 にかかる電圧を測定すれば，供試体に流れる電流を知ることができる．また，R_1 をできるだけ小さな抵抗値として，入力インピーダンスの十分に大きな電圧計，あるいはオシロスコープを用いれば，電流を電圧に変換して測定することができる．このような小さな抵抗を**シャント抵抗**とよび，この電流を電圧に変換する装置を**分流器**とよぶ．

図 4.24 に分流器の構造例を示す．分流器には温度上昇による抵抗変化を抑えるため温度上昇を許容範囲内に留めることが求められるほか，交流やインパルスではインダクタンス成分を抑える必要があり，図 (a) の折返し形，図 (b) の同軸円筒形などの工夫がなされている．さらに，インパルス電流の測定は図 4.25 に示す回路で行われるが，インパルス電圧の測定と同様の注意が必要である．また，このときの分流比 d は次式で表される．

$$d = \frac{R_2 R_3}{R_1 + R_2 + R_3} \tag{4.19}$$

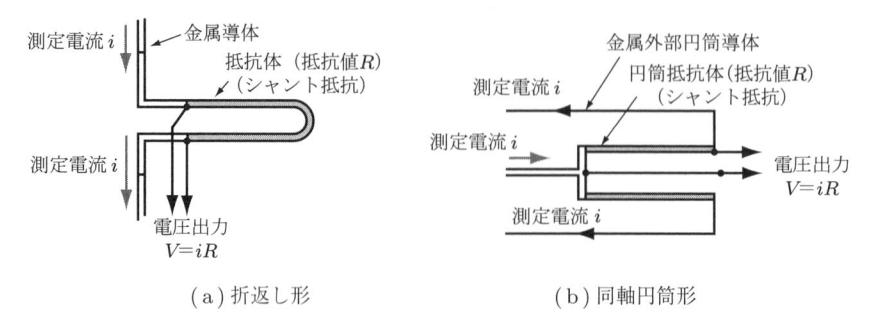

(a) 折返し形　　(b) 同軸円筒形

図 4.24　分流器の構造例

4.5 大電流の測定　111

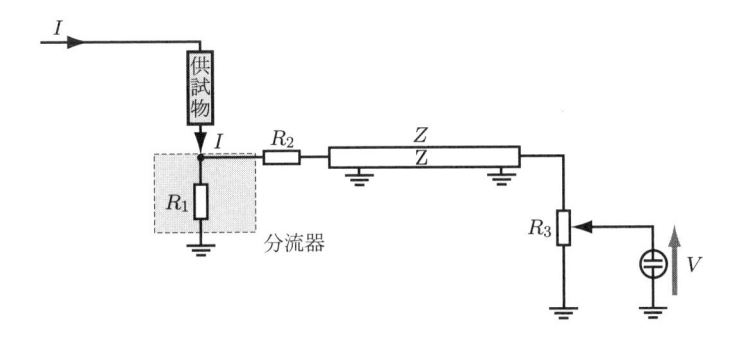

図 4.25　インパルス電流回路

4.5.2　変流器

　流れる電流の大きさに関連した物理量を，電流の流れる部分に対して非接触で被測定系に影響を与えることなく測定することもできる．このような装置は**変流器**とよばれる．測定できる物理量は電気量だけでなく，磁気や光に関したものもある．図 4.26 に変流器の例を挙げる．

　変流器の代表例として図 (a) に示す**ロゴウスキーコイル**がある．半径 r のリング状になっている導体の一端を折返し，リング状の導体を中心としてそのまわりにコイルを形成した構造になっている．このドーナツ状のロゴウスキーコ

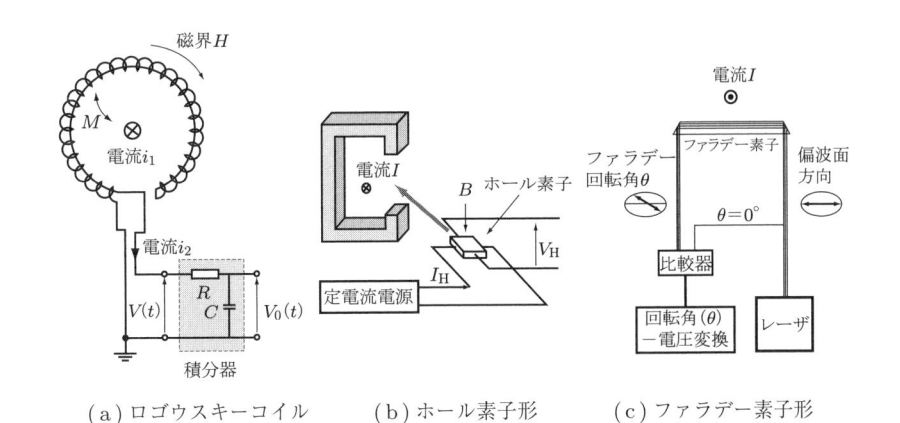

(a) ロゴウスキーコイル　　(b) ホール素子形　　(c) ファラデー素子形

図 4.26　変流器の例

イルの中央に被測定電流が流れる導体を通す．このとき，被測定電流を i_1，コイルに流れる電流を i_2，中央の電流の流れる導体とコイルの相互インダクタンス M，コイルの出力端に接続される積分器の抵抗 R，コンデンサ C とすると，コイル両端の電圧 $V(t)$ は，

$$V(t) = -M\frac{di_1}{dt} \tag{4.20}$$

となる．また，

$$V(t) = Ri_2 + \frac{1}{C}\int i_2\,dt \tag{4.21}$$

とも表せる．ここで，積分器の抵抗 R，コンデンサ C が十分大きければ，

$$i_2 = -\frac{M}{R}\frac{di_1}{dt} \tag{4.22}$$

となり，積分器の出力電圧 $V_0(t)$ は，

$$V_0(t) = \frac{1}{C}\int i_2\,dt = -\frac{M}{CR}i_1 \tag{4.23}$$

となり，被測定電流に比例した値が得られる．このロゴウスキーコイルを用いて交流および雷インパルス電流の測定が可能である．

ロゴウスキーコイルの原理は，電流の流れる導体とそれを取り巻くように配置されたコイル間の相互誘導によっている．したがって，直流電流の測定には用いることができない．直流では**ホール素子**を用いた変流器が使用される（図 4.26(b)）．ロゴウスキーコイル同様に，ギャップをもつ磁心の中央部を貫くように被測定電流が流れる導体を配置する．この磁心を通る磁束密度 B は中央の導体が作り出す磁界の強さによって決まるので，その導体を流れる直流電流 I に比例し，次式のようになる．

$$B = \frac{\mu_r\mu_0}{l + \mu_r l_\mathrm{g}}I \tag{4.24}$$

ここで，μ_0 は真空の透磁率，μ_r は磁心の比透磁率，l は磁路長，l_g はギャップ長である．

磁束密度 B は，ホール素子を磁心のギャップ部分におくことで測定できる．

ホール効果では，ホール素子に流す電流 I_H，ホール定数 R_H，**ホール起電力** V_H，磁束密度 B は次式で関係付けられる．

$$V_H = R_H I_H B \tag{4.25}$$

したがって，ホール起電力 V_H より電流 I を求めることができる．

また，最近では光学効果を利用した変流器も使用されている．図 4.26(c) は，磁気光学効果である**ファラデー効果**を利用したファラデー素子形変流器である．ファラデー効果は，ある物質中（たとえば鉛ガラス）を光が通過するとき物質に印加された磁界の大きさに応じて，その光の偏光面が回転する現象である．磁界の強さと偏光面の回転角の関係はあらかじめ知りうるので，回転角を測定すれば磁界の強さ，さらには被測定電流の大きさを求めることができる．実際の装置では，光源としてレーザ光を，ファラデー素子として鉛ガラス製の光ファイバを用いることが多い．この方法は，直流からインパルスまで測定可能であるとともに，光学効果を用いているので，被測定系に対する擾乱や測定における電気的ノイズの影響を受けないなどの特徴がある．

4.5.3 遮 断 器

直接大電流を計測する計器，装置ではないが，大電流を取り扱う装置として**遮断器**がある．送電電圧の上昇や送電電力の増大にともない，電力系統網は拡大し，複雑化している．この系統網において，一度短絡事故や地絡事故が起こると非常に大きな故障電流が流れることになる．系統の安定や安全性確保の点からは，事故の影響が波及しないように事故発生後ただちに，高電圧大電流下でその設備を系統から切り離す必要がある．これを行うのが遮断器である．

大電流を遮断すると，電極間に大きな誘導電圧が生じアークが発生するため，このアークを速やかにかつ確実に消す必要がある．これを**消弧**という．消弧の方式によって，油遮断器，磁気遮断器，空気遮断器，ガス遮断器，真空遮断器などがある．特に消弧性能に優れた SF_6 ガスを用いたガス遮断器（Gas Circuit Breaker: GCB）は，縮小化 SF_6 ガス絶縁開閉装置（GIS）に組み込まれて，重用されている．図 4.27 にその基本構造図を示す．SF_6 ガス中に配置された接点部分に事故による大電流が流れると，シリンダが高速で作動し（図の下の方向

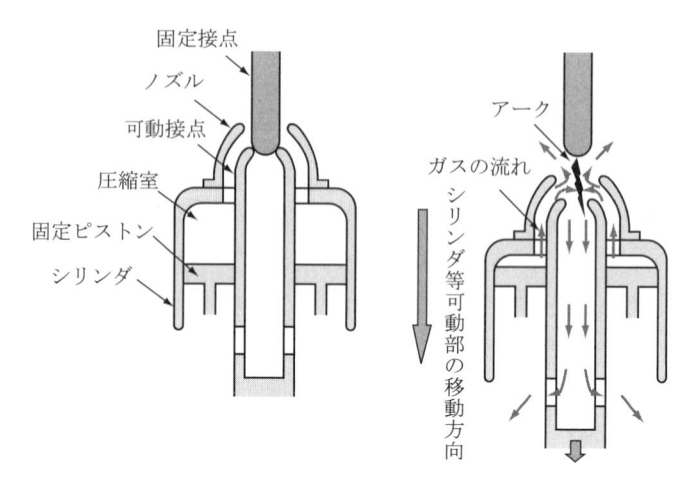

図 4.27 ガス遮断器（GCB）の基本構造図

に移動），固定接点から可動接点が引き離され，電流を遮断しようとする．このとき固定接点先端から可動接点方向にアークが発生する．しかし，シリンダが動作するとともに，固定ピストンによって圧縮室内の SF_6 ガスが圧縮され，ノズルからアーク発生部分に吹き付けられ，消弧される．

4.6 高電圧関連測定技術

4.6.1 接地抵抗と絶縁抵抗

大型の電気機器や設備では，高電圧，大電流を取り扱っており，機器や設備内部での絶縁劣化，絶縁破壊によって漏電が生じた場合，機器，設備の接地が不十分であると，人を危険な状況にさらすことになる．また，最近雷による被害が増加する傾向にある．これは建物内に導入されている機器の精密化による耐電圧の低下，送電線や電力線，ネットワークケーブルを通過する雷電流による過電流や，雷放電によるインパルス性ノイズの機器への侵入が原因の一つと考えられている．この雷からの保護についても機器，設備，建物の接地が重要とされている．したがって，電気機器，設備の接地は特に大事である．

接地の状態は**接地抵抗**で表され，接地抵抗の値は電気設備に関する技術基準

(a) 電位分布と接地抵抗　　(b) 測定電極配置

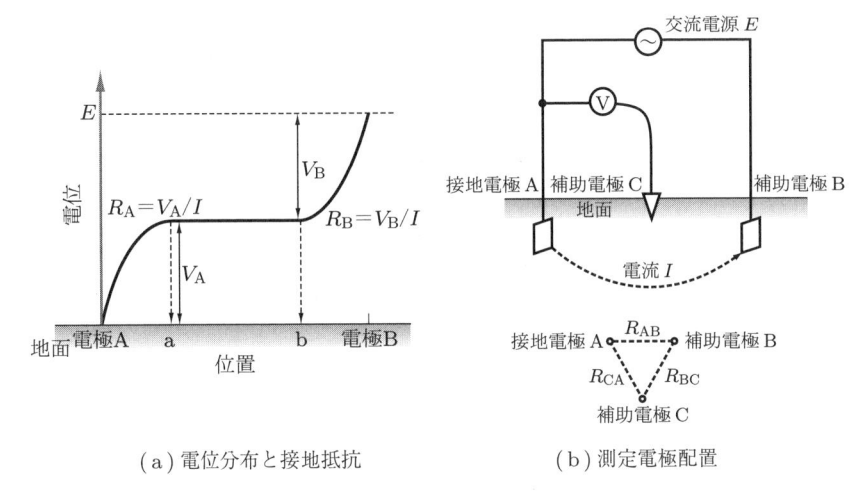

図 4.28　接地抵抗測定法および接地導体と電位の関係

によって定められているが，電気設備の電圧などによって要求される接地抵抗の値は異なっている．高電圧，大電流の機器や設備を対象とした第 1 種接地では，要求される接地抵抗の値は厳しく，10 Ω以下と決められている．

図 4.28 に示すように，接地抵抗は接地導体と大地間の抵抗であるが，界面だけでなく離れたところまで存在する．接地電極から大地に電流が流れたとき，接地電極の電位が大地より高くなる．したがって，接地された電極 A，B の間に電流 I が流れたときの各々の電極の電位 V_A，V_B を中央に電極 C を設置して測定すれば，接地抵抗 R_A，R_B は，$R_A = V_A/I$，$R_B = V_B/I$ として求まる．大地を流れる電流は正負イオンが担い手であるため，直流では分極の問題を生じるので測定には交流が用いられる．測定に関してはいくつかの方法があるが，そのもっとも代表的なものはコールラウシュブリッジとよばれる交流ブリッジを用いた方法である．図 (b) に示すように，接地電極 A と補助電極 B，C を正三角形となるように配置し，コールラウシュブリッジの平衡をとって電極間 AB，BC，CA の各抵抗 R_{AB}，R_{BC}，R_{CA} を測定する．このとき，$R_{AB} = R_A + R_B$ であるので，$R_A = (R_{AB} - R_{BC} + R_{CA})/2$ で求まる．また，変流器とブリッジを組み合わせた接地抵抗計もある．発電所や変電所，建造物では接地電極として広範囲にメッシュ電極が用いられている．そのため，測定に用いる電極間の

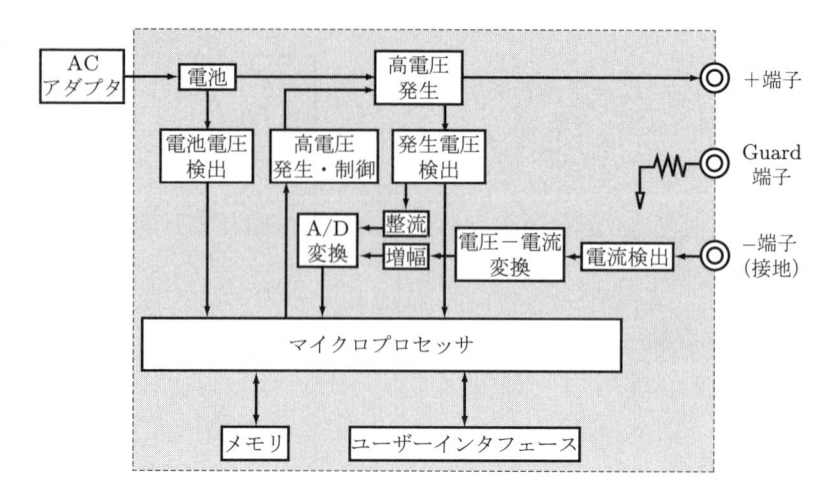

図 4.29 電子式絶縁抵抗計

距離を十分にとる必要がある．

　機器，設備内部の絶縁を調べるために，**絶縁抵抗**を測定することも必要である．絶縁抵抗は非常に高抵抗であるので，通常の抵抗測定法では正確な測定をすることができない．高電圧発生可能なコンパクトな直流発電機，あるいは電池を内蔵した可動コイル形の指示計器（通称メガー）を用いた絶縁抵抗の測定が可能である．最近では，図 4.29 に示すような電子式の絶縁抵抗計も多用されている．

4.6.2　接地技術

　電気機器の絶縁が劣化し，高電圧から低圧回路に漏洩電流が流れ，それに人間が触れると感電事故が起きる．それを防ぐために機器を接地し，漏洩電流を大地に流し，人間を危険にさらさないようにする必要がある．

　また，避雷針は，建物の上部に突きだすように太い銅線を取りつけ，それを大地まで伸ばし，小さな接地抵抗で接地したものである．避雷針は，その付近に落ちる雷をそこに誘導するので，落雷の被害を抑えるものである．

[1] 避雷針の接地と機器の接地が異なる場合

図 4.30 のように，避雷針 A の近くに機器 B の接地がある場合を考える．避雷針 A に落雷し，大電流 i が流れ込むと，接地抵抗 R_A が 0 でない限り，接地電極周辺の電位が異常に上昇する．その近辺に電気機器の接地（抵抗 R_B）がとられていると，図 4.30 に示すように，避雷針 A の導線から，機器 B への側撃が起こり，機器が絶縁破壊するか，沿面放電を生じて故障する．

もちろん，避雷針の接地地点の近くでは，図 4.30 のような電位分布となるので，歩幅電圧が大きいときは人間が感電する．機器 B の近くの地表電位が高いときは，接地された機器 B に触れると，感電することになる．

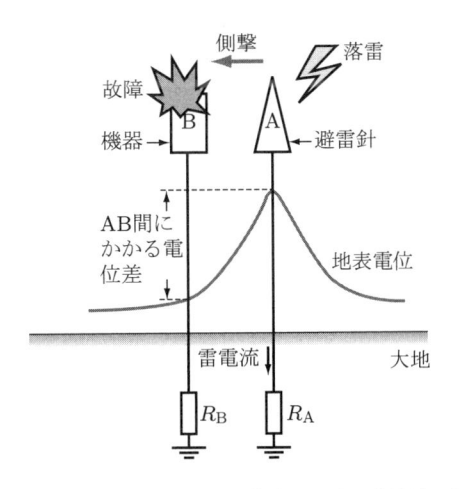

図 4.30 避雷針，機器の個別接地における落雷時の電位

[2] 機器と避雷針の接地が同一の場合

[1] の欠点を改良するための接地法で，図 4.31 に示すように避雷針と機器の接地を共通に，あるいは各種機器の接地と構造物の接地を共通にしたものを等電位ボンディングという．前者の等電位ボンディングの場合，避雷針に落雷したとき，避雷針の接地電位上昇と各機器の電位上昇が同じとなり，接地線間の電位差による機器の故障はない．また，図 4.31 の AB 間では位置による電位の

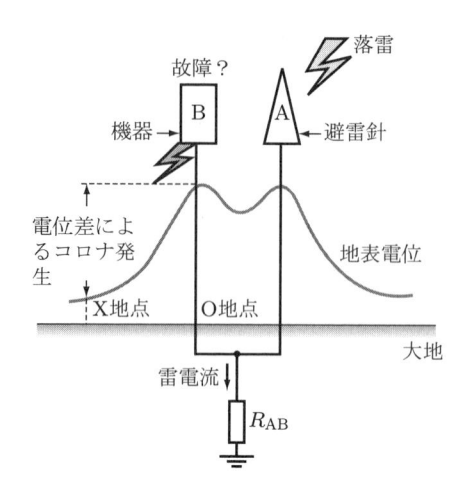

図 4.31 等電位ボンディングの落雷時の電位

勾配は小さくなるので，[1] で述べた歩幅電圧，並びに感電の問題はなくなる．しかし，それ以外の地点に人間が存在すれば，電位の勾配があるために，[1] と同様の危険がある．

このように考えると，等電位ボンディングで接地すれば，機器の故障を完全に防げるとはいえない．なぜなら，接地抵抗と落雷時の電流の積で接地点の電位が決まるからである．もし，接地抵抗が大きいか，大電流が流れ込んだ場合には，等電位ではあるが電位上昇は避けられない．この場合，共通接地（等電位ボンディング）につながる電気機器は高電圧となり，機器から大地に向けて高電界がかかり，電気機器から部分放電が発生する．この場合は共通接地にすることが逆効果となり，多くの機器を壊すことになる．

等電位ボンディングの効果が出るか否かは，接地抵抗 R_{AB} の値に依存する．非常に小さい接地抵抗で雷電流による電位上昇が無視できるときは，効果的な方式といえる．

以上のことを実験的に確認したものを図 4.32 に示す．ここでは，建造物の鉄骨を模擬した構造体を，抵抗 1 kΩ で接地した場合において，インパルス電圧印加時のコロナ特性を示す．ここでは接地抵抗値を上げてコロナを測定したが，大型の電力設備の接地などに求められる第一種接地の接地抵抗を 10 Ω とす

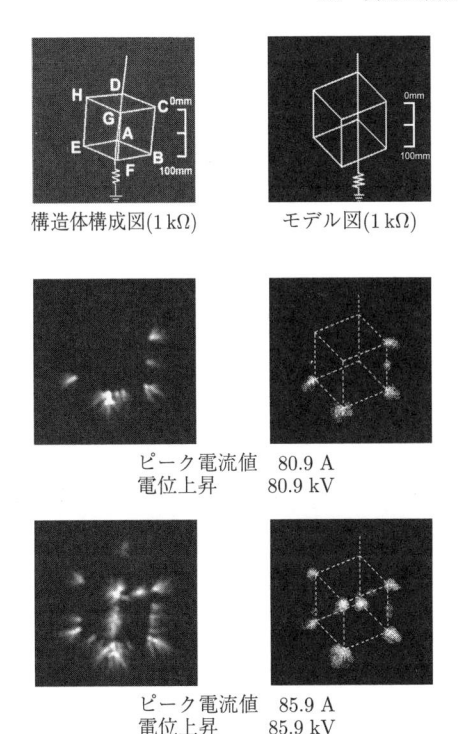

構造体構成図(1 kΩ)　　モデル図(1 kΩ)

ピーク電流値　80.9 A
電位上昇　　　80.9 kV

ピーク電流値　85.9 A
電位上昇　　　85.9 kV

図 4.32　模擬構造体から生じる部分放電（接地抵抗 1 kΩ）

ると，電流が 100 倍に相当する 8〜9 kA の電流で同様のコロナ発光を生じる．等電位ボンディングされた構造体と大地との距離に依存した放電が生じている．

この構造体に内向けに取り付けた針から部分放電が発生することから，このような構造体内ではファラデーゲージの作用が完全ではないことがわかる．結局，等電位ボンディング接地方式であっても，接地抵抗をいかに小さくするかを念頭におくことが肝要である．

4.6.3　空間電荷測定

固体誘電体に長時間電圧を印加し続けたとき，固体内部で正負電荷の偏りが生じる．この空間電荷によるストレスが，固体の絶縁劣化や絶縁破壊を引き起こす原因の一つと考えられている．近年，この固体誘電体内の空間電荷とその

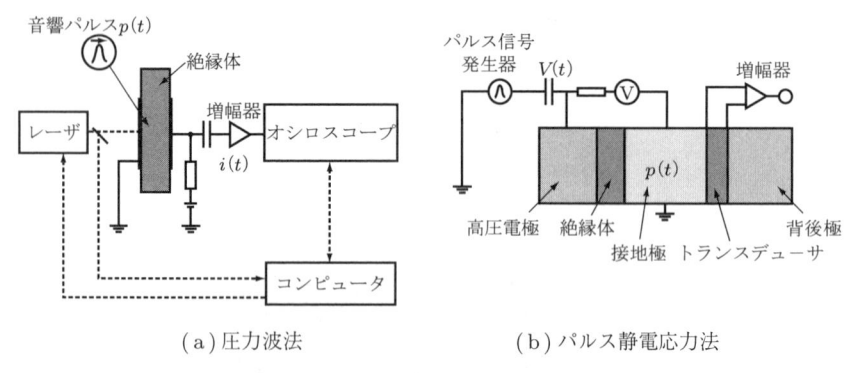

図 4.33 空間電荷測定法（圧力波法とパルス静電応力法）

分布の測定技術が進歩している．代表的な方法として**圧力波法**と**パルス静電応力法**がある．各方法の原理図を図 4.33 に示す．

圧力波法では，空間電荷の蓄積した固体に外部からパルス圧力波を印加する．固体内を伝播するとき，空間電荷は圧力波の影響を受けて移動し，外部に電流が流れることになる．このとき印加される圧力波 $p(t)$ に対して，外部に流れる電流 $i(t)$ を測定することによって空間電荷分布を知ることができる．パルス圧力波の発生は，圧電素子を用いる方法やレーザの照射による方法などがある．図 4.33(a) にはレーザを用いた圧力波法の原理図を示す．もう一つの代表的な方法である図 4.33(b) のパルス静電応力法では，固体誘電体にパルス電圧 $v(t)$ を印加する．このパルス電圧が固体内を進行するとき，空間電荷は内部に形成される電界による静電力を受けて，圧力波 $p(t)$ を発生する．したがって，パルス電圧 $v(t)$ に対する圧力波 $p(t)$ の応答を圧電素子で測定すれば，空間電荷分布を知ることができる．

4.6.4 超高速度現象の高感度観測

放電は分子の励起と電離によって生じるが，同時に逆の過程である脱励起と再結合も起こっている．この脱励起，再結合はエネルギーの放出過程であり，一般にエネルギーは光として放出される．したがって，火花放電や沿面フラッシオーバなどの絶縁破壊では，非常に強い発光（閃光）が観測される高速度現象である．これに対して，コロナ放電や部分放電では，目視によって確認するこ

とのできない非常に微弱な発光をともなうことも多い．また，1回のコロナ放電や部分放電による発光時間はきわめて短い．そのため，ある空間におけるきわめて短い時間の微弱発光をともなう放電の観測も重要である．

最近では，**イメージインテンシファイア**とよばれる部分を通して微弱光を増幅し，その光をCCDによって受けて記録するディジタルカメラ方式の撮影装置が一般化している．

イメージインテンシファイアでは，図4.34(a)のように微弱光が光電面に入力し，光から電子に変換され，マイクロチャンネルプレート（MCP）で電子の増倍が行われる．増倍された電子は蛍光面で光に変換され光ファイバプレートを通して出力される．この出力光は，入力光に対して数千倍から数百万倍に増強され，微弱光イメージは増強されたイメージとなる．出力光は，CCDで受光

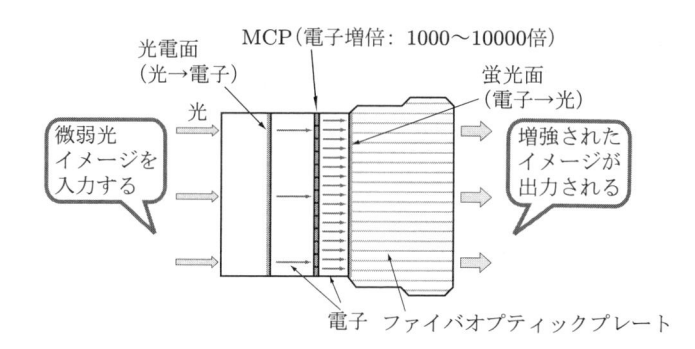

(a) イメージインテンシファイアの構造

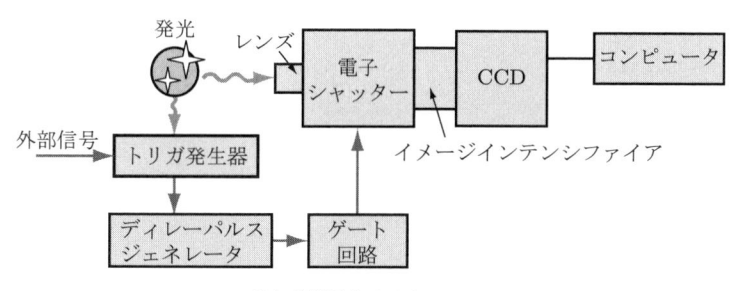

(b) 高速度カメラシステム

図 4.34　イメージインテンシファイアと高速度カメラシステム

され記録される．このイメージインテンシファイア，CCD と高速電子シャッター，外部トリガ入力と信号遅延回路を組み合わせたカメラシステム（図 (b)）によって，超高速超高感度での任意の時間での放電現象の撮影が可能となった．最新のものでは，1 秒間に 2 億コマ（シャッタースピード 5 ns に相当）の撮影が可能なカメラシステムも使われている．図 4.35 は，インパルス電圧の波頭部で生じる沿面放電の伸びる様子を，上述のカメラシステムで撮影した例である．

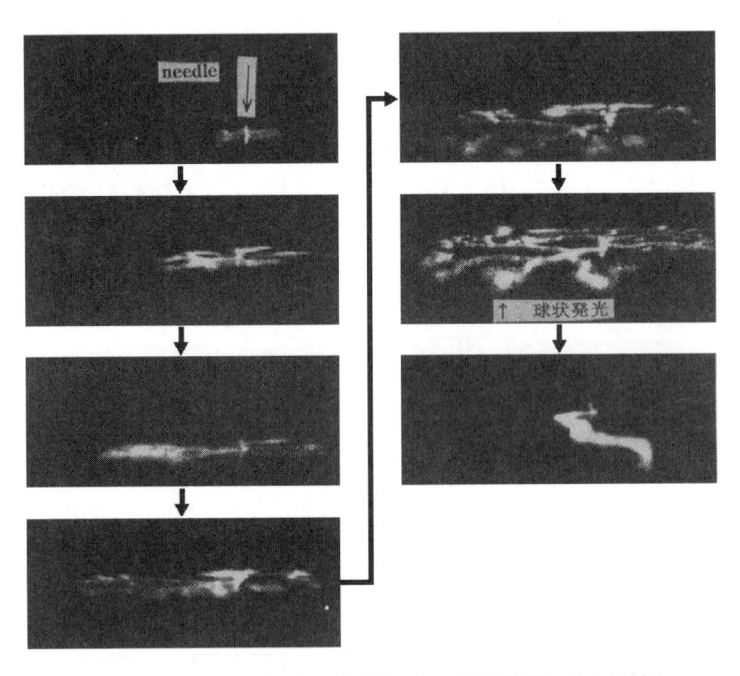

図 4.35　インパルス電圧の波頭部で生じる沿面放電の伸びる様子

演習問題　4

1　問図 4.1 のインパルス電圧発生回路において，出力抵抗 R_0 の両端には発生する正極性インパルス電圧 e を求めよ．

2　高電圧実効値測定用として広く用いられている静電電圧計について説明せよ．

3　抵抗分圧器を用いたインパルス電圧の測定回路を示し，測定回路の整合条件を求

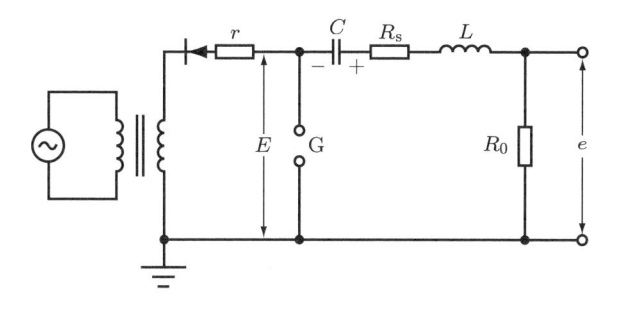

問図 4.1

めよ．また，正確な測定において整合が大事な理由を説明せよ．

4　コンデンサ C_1, C_2 ($C_1 \ll C_2$) の容量分圧器と図 4.22 に示した電圧形波高電圧計を組み合わせたときの測定指示値に対する測定端電圧の倍率 m を求めよ．

5　問図 4.2 の回路のコンデンサ C を E に充電した後ギャップ G を短絡したとき負荷 R に流れる電流 i が振動する条件を求めよ．また，振動条件を用いてインパルス電流を発生させる方法について説明せよ．

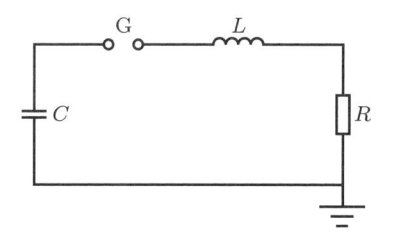

問図 4.2

6　コンデンサ形計器用変圧器の原理について説明せよ．

コラム　逆2乗の法則

　本書の執筆中に，高等学校の物理の授業，"力と運動"の章で習った「万有引力の法則」と"静電気"の章で習った「クーロンの法則」が実によく似た関係式で表されることに不思議さを感じたことを思い出した．クーロンの法則は，2.1節で述べたように，二つの点電荷 Q_1，Q_2 [C] を，距離 r [m] 離しておいたときに働く力 F [N] は，それぞれの電荷量の積に比例し，二つの電荷間の距離の2乗に反比例し，その力の方向は，二つの電荷を結ぶ直線上にあり，

$$F = A\frac{Q_1 Q_2}{r^2} \text{ [N]}$$

で与えられる．ここで，A は定数で，真空中（もしくは空気中）では，

$$A_0 = \frac{1}{4\pi\varepsilon_0} = 8.99 \times 10^9 \cong 9 \times 10^9 \text{ [Nm}^2\text{/C}^2\text{]}$$

である．ここで，ε_0 は真空の誘電率を表す．

　一方，万有引力の法則は，質量 M，m [kg] の二つの物体を，距離 r [m] 離しておいたときに働く力 F [N] は，それぞれの質量の積に比例し，二つの電荷間の距離の2乗に反比例し，その力の方向は，二つの物体を結ぶ直線上にあり，

$$F = G\frac{Mm}{r^2} \text{ [N]}$$

で与えられる．ここで，G は万有引力定数で 6.67×10^{-11} [Nm^2/kg^2] である．

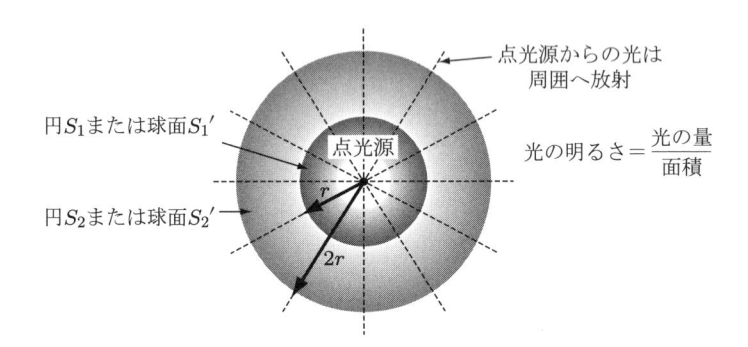

　なぜ，これら相互作用する力 F の大きさが，距離 r の2乗に逆比例するのかわからず不思議に思っていた．大学生1年生のとき物理学のH教授にこのこ

とを尋ねてみると，"我々が住んでいる世界が3次元であることを反映しているのだ"といわれた．しかし，何のことかよくわからなかったが，点光源を例として二次元と三次元の場合について次のような説明をしてくれた．図に示すように，点光源からの光は周囲へ放射されている．二次元の場合，点光源からrの距離の円S_1の面積は$2\pi r$，$2r$の距離の円S_2の面積は$2\pi(2r) = 4\pi r$となる．S_1，S_2にはどちらも同じ量の光があたるので，同じ面積で比較するとS_2にはS_1の1/2の光があたることになり，明るさは距離rに反比例することになる．

一方，三次元の場合も同様に考えることができ，点光源からの距離rの球面の面積S_1'は$4\pi r^2$，$2r$の距離の球面S_2'の面積は$4\pi(2r)^2$となるので，同じ面積で比較するとS_2'にはS_1'の1/4の光があたることになり，明るさは距離rの2乗に反比例することになる．

クーロンの法則や万有引力の法則のように相互作用する力の大きさも点光源と同様に考えることができ，点電荷や物体は，周囲と相互作用することで力が生じるので，力Fは距離rの2乗に反比例することになる．このような現象を逆2乗の法則という．

また，原子の世界でも万有引力の法則は成立しているが，クーロン力に比べて万有引力はきわめて小さく，その効果を考える必要はない．実際，水素原子モデルで原子核と電子の間で作用するクーロン力は万有引力の約2×10^{39}倍と求まる．逆に，宇宙のような巨大空間では，正負電荷はほぼ中和した状態と考えることができるので，クーロン力は無視でき，万有引力の影響が大きい．

第5章 絶縁信頼性の測定・評価技術

　実際の電気機器や設備においては，必ずしも設計値以上の電圧，電界が加わって絶縁破壊を生じるとは限らない．さまざまな要因によって絶縁性能は初期の状態から低下し続け，ついには必要性能を満たさなくなる．実際に生じている劣化の要因を把握することが大事である．ここでは，劣化の要因，形態について述べるとともに，絶縁性能や残存寿命の評価などの信頼性評価について解説する．

5.1 絶縁劣化の要因と劣化形態

5.1.1 絶縁劣化の要因

　電気機器や電気設備を構成する材料，部品において，電界が絶縁破壊電界を超えた場合だけでなく，絶縁破壊電界より低い電界が長時間印加された場合においても絶縁破壊が起こることがある．通常の運転での機器，設備の絶縁破壊による故障確率の経時変化（付録参照）を図5.1に示す．

　初期の段階では故障確率は比較的高いが，時間の経過とともに確率は下がる．初期の故障は製造工程などで生じた材料，部品の欠陥，機器や設備の組み立てや設置におけるミスなどによって，機器や設備が設計された所期の絶縁性能をもたないために，運転開始後早い段階で起こることが多い．そのため故障確率は高いが，時間とともに故障確率は低下する．これを**初期故障期**とよぶ．

　初期故障が出つくせばその後故障確率はほぼ一定値で推移する．この期間では，設計段階で想定されていない外的要因の侵入や想定される要因が設計裕度（安全率）以上の規模で入ってきた場合，機器，設備の絶縁性能を超えて故障にいたる．この期間は**偶発故障期**とよばれる．

　偶発故障期を過ぎると，故障確率は徐々に上昇する．これは機器，設備を構成する部品，材料に長時間電界が印加されている間に，さまざまなストレスを

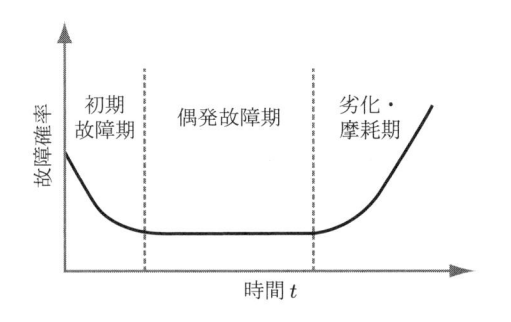

図 5.1　機器，設備の絶縁破壊による故障確率の経時変化

受けて，徐々に化学的あるいは物理的変化を生じて，その絶縁性能が低下するためである．この期間は，**劣化・摩耗期**となる．この絶縁性能の低下を**絶縁劣化**とよぶ．劣化の要因から分類すると以下の三つになる．

[1]　熱　劣　化

熱劣化とは，誘電体が熱にさらされるために化学反応などで分子構造に変化が生じることにより，絶縁性能が低下することである．熱の原因としては，使用環境の温度，運転による温度上昇や局部的な過熱などが上げられる．一般に化学反応の進行速度 P は，$\exp(-U/kT)$ に比例する．これをアレニウスの法則という．ここで，U は化学反応の活性化エネルギーで，T [K] は絶対温度である．この式から，反応速度は温度 T [K] の増加で急激に速くなることがわかる．したがって，熱劣化がアレニウスの法則による場合，L を絶縁材料の寿命として，次式が成り立つ．

$$\ln L = \frac{U}{kT} + B \quad （B は定数）$$

$\ln L$ と $1/T$ は直線関係となり，その傾きから活性化エネルギー U が求まる．一般的に，化学反応による熱劣化の場合には 10°C 則（あるいは 8°C 則）が成り立ち，温度が 10°C（あるいは 8°C）上がると，絶縁材料の寿命が半減する．

[2] 機械的劣化

外部や機器自体の運転によって生じる圧力，振動，機械的な力などが誘電体に加わって，誘電体・導体間や誘電体間の剥離，誘電体に亀裂などが生じることによって絶縁性能の低下が生じることを機械的劣化という．機械的劣化は単独でも生じるが他の劣化と同時に生じることも多い．

[3] 電気劣化

電気劣化は主に電気化学反応による劣化と放電による劣化に分けられる．

■電気化学劣化

誘電体に電流が流れると，ファラデーの法則により通電電荷量で決まる電気化学反応が生じる．誘電体内部での電気化学反応による分子構造の変化，導体との界面では誘電体と導体金属との反応などが生じる．これらによって絶縁劣化が生じることを電気化学劣化という．また，流れる電流によって発生するジュール熱のために劣化が相乗的に進むこともある．

■放電劣化

誘電体内のボイドや誘電体と電極間の空隙，誘電体上の異物などの電界集中源の存在によって部分放電が生じる．この部分放電にさらされた部分においてそのエネルギーで化学反応により分子の分解や構造変化が生じたり，誘電体表面が徐々に削り取られたりする．このために絶縁劣化を生じることを放電劣化という．

5.1.2 トリー現象と破壊

5.1.1 項で説明したように，固体誘電体にその絶縁破壊電界よりも低い電界であっても，長時間印加し続けた場合に絶縁破壊にいたることがある．このとき絶縁破壊を起こした固体誘電体中には樹枝状の放電・絶縁破壊痕（トリー）が形成されている．このような絶縁破壊は，**トリーイング破壊**とよばれる．トリーは，その形態によって，樹枝状トリー，マリモ状トリーなどとよばれるものがある（図5.2）．一度トリーが発生すると成長速度に差はあるものの，通常運転の印加電界であっても時間とともに成長して全路破壊を引き起こすので，電力ケーブルなどの固体誘電体部分で問題となることが多い．また，トリーにはそ

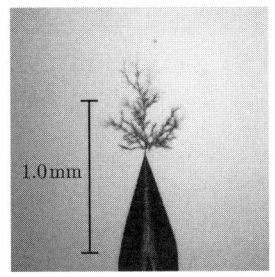

5.1 絶縁劣化の要因と劣化形態　**129**

(a) 樹枝状トリー　　　(b) マリモ状トリー

図 5.2　トリーの例

の発生原因から，電気トリー，水トリーや導体金属の銅が関係する化学反応に起因する化学トリーなどがある．以下に、それぞれの特徴を示す．

[1] 電気トリー

図 5.3 に微小ギャップにおける破壊電界を示す．ギャップ長 1 cm においては 32 kV/cm であるが，0.01 cm においては 97 kV/cm と上昇し，さらにギャップ長が短くなると，破壊電界は上昇する．したがって，導体に接する固体絶縁

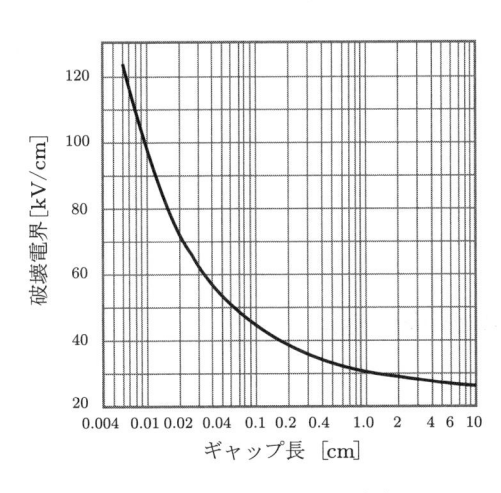

図 5.3　微小ギャップにおける破壊電界

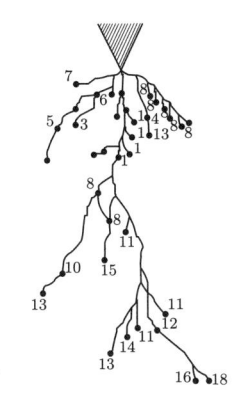

図 5.4　インパルストリー
(E.Kuffel and M.Abdullah
High-Voltage Engineering,
Pergamon Press, Oxford
(1970))

体界面の金属突起，絶縁体内部の亀裂や異物があると，そこに高電界がかかり，部分放電が発生する．微小な局部に高電界がかかり，絶縁体に摩耗的な放電劣化が進む場合と，直径 10～100 μm 程度の中空のボイド（トリー）が形成される．このトリーは，図 5.4 のインパルストリーに示すように電圧印加の時間あるいはパルス電圧の印加数とともに進展し，厚い絶縁体も絶縁破壊にいたる．この現象はいくら絶縁距離があっても，静止させることができない．そこで，無機材料の粉末を充填剤として混ぜ，電気トリーの進展のバリアにするものが唯一のブレーキとなっている．

[2] 水トリー

絶縁材料の中に水分があると，電界の高いところに水分が集まり，図 5.5 に示すような水トリーが生じる．水トリーは，電気トリーに比べて，はるかに低い電界で発生する．水蒸気架橋では絶縁体に水分が残留し，水トリーの原因となったので，架橋法が改善され，乾式架橋となった．架橋ポリエチレンケーブルの場合，ジクミルパーオキサイド（DCP）を架橋剤として用いる．この場合，架橋をした後に，ポリエチレン中にアセトヘノンとクミルアルコールが残る．前者は交流の破壊電圧の向上に役立っている．後者は α メチルスチレンと H_2O になる．微量ではあるが水分が架橋ポリエチレンケーブル中に残ることが化学式から判明した．この微量水分が水トリーを引き起こす可能性はあるが，現在のところ明確なデータがない．

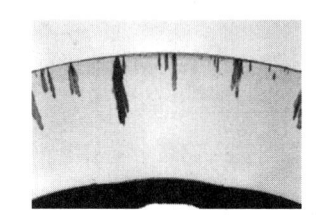

図 5.5 水トリー
(矢崎電線株式会社提供)

[3] 化学トリー

化学トリーは，化学工場などでみられるもので，腐食性ガスの雰囲気で使用される架橋ポリエチレンケーブルの中でみられる．ガスが浸入して，導体と反応し，硫化銅などがトリー状に生じる．

5.1.3 電気泳動

電気泳動は，媒体（たとえば水やゲル）中に荷電粒子（たとえばイオン）が存在しているところに，高電圧（電界）が印加されると，荷電粒子が媒体中を移動する現象である．この現象は，19世紀はじめにロイス（Reuss）によって水中の粘土粒子で発見された．この**電気泳動現象**によって，電極間が短絡されて絶縁破壊を引き起こす場合がある．一方，たんぱく質の分析法として古くから用いられている．また，最近では，6.8節で紹介するが，電子ペーパーとして応用されてきている．

コラム　コイルの性質とエネルギー貯蔵

巻数 N のコイルに電流 $i(t)$ を流すと，磁束 $\varphi(t)$（[Wb]，ウェーバ）が生じ，ファラデーの電磁誘導の法則によってコイルの両端に

$$v(t) = N\frac{d\varphi(t)}{dt} = \frac{d\phi(t)}{dt}$$

の電圧が発生する．このとき，コイルを貫く全磁束 $\phi(t)$ は，$\phi(t) = Li(t)$ で与えられる．ここで L は自己インダクタンスとよばれ，単位は [H]（ヘンリー）である．すなわち，コイルの両端に発生する電圧 $v(t)$ は，$v(t) = L\frac{di(t)}{dt}$ で与えられるので電流変化により電圧降下が生じることがわかる．したがって，コイルに流れている電流 $i(t)$ は，

$$i(t) = \frac{1}{L}\int_{-\infty}^{t} v(\tau)\,d\tau = \frac{1}{L}\int_{-\infty}^{0} v(\tau)\,d\tau + \frac{1}{L}\int_{0}^{t} v(\tau)\,d\tau$$
$$= i_0 + \frac{1}{L}\int_{0}^{t} v(\tau)\,d\tau$$

で与えられ，全磁束 $\phi(t)$ は，

$$\phi(t) = \phi_0 + \int_0^t v(\tau)\,d\tau$$

となる．
　一方，コイルで消費される瞬時電力 $p_L(t)$ は，$p_L(t) = v(t)i(t)$ と表されるので，$t = 0 \sim T$ の間にする仕事 $W_L(T)$ は，

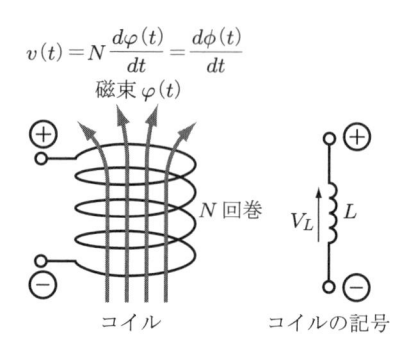

$$v(t) = N\frac{d\varphi(t)}{dt} = \frac{d\phi(t)}{dt}$$

磁束 $\varphi(t)$

N 回巻　　V_L　L

コイル　　　コイルの記号

$$W_L(T) = \int_0^T p_L(t)\,dt = \int_0^T \frac{d\phi(t)}{dt} i(t)\,dt = \int_{\phi(0)}^{\phi(T)} i(t)\,d\phi(t)$$

となり，コイルに蓄えられるエネルギーに等しい．ここで，$L = $ 一定で ϕ と i の間に線形関係があり，$\phi(0) = 0$ とすると，

$$W_L(T) = \frac{1}{L}\int_0^{\phi(T)} \phi(t)\,d\phi(t) = \frac{\phi^2(T)}{2L} = \frac{1}{2}Li^2(T)$$

で与えられる．

5.2　絶縁信頼性評価法

　我々は，日常生活のすべての分野において電気に依存しており，発電，送電，変電に関する機器や設備の一つでも絶縁破壊事故が生じれば，重大な事態に陥りかねない．それゆえ，絶縁の信頼性と評価は非常に重要である．

5.2.1 絶縁破壊試験と非破壊試験

　絶縁の信頼性を評価する試験はさまざまなレベルで行われる．機器や設備そのものから構成する部品，さらにはその材料にわたる．また，機器や設備の設計・製造，完成，取り付け・設置および経常的な運転の各段階において実施される．絶縁信頼性の試験は**絶縁耐力試験**，**絶縁特性試験**に分けられる．さらに具体的には下記の項目の試験が行われる．

■**絶縁耐力試験**
- 絶縁破壊試験（直流，交流，インパルス電圧）
- フラッシオーバ試験（交流，インパルス電圧）
- 耐電圧試験（直流，交流電圧）

■**絶縁特性試験**
- 絶縁抵抗試験（直流電圧）
- 直流高電圧試験（直流電圧）
- 誘電正接試験（交流電圧）
- 部分放電試験（交流電圧）

　絶縁耐力試験では各種波形の高電圧を機器や設備に印加して，実際に絶縁破壊やフラッシオーバを起こさせて絶縁破壊電圧・電界を測定し，実際の絶縁性能の確認や設計値との差を確認する（**絶縁破壊試験**，**フラッシオーバ試験**）．また，目的とする電圧に対しての短時間あるいは長時間での絶縁信頼性を確認して，機器，設備の安全性を評価する（**耐電圧試験**）．これは製造，設置された機器，設備が所期の絶縁性能，絶縁の裕度を満たしているかどうかを検証することによって，実際の運転における初期故障や偶発故障を防ぎ，機器や設備の絶縁信頼性および安全性を確保することが目的である．

　一方，絶縁特性試験は，設置初期と運転中あるいは保守・点検時に継続的に行われる．各種試験で得られた結果と設置初期の結果を比較することによって，機器，設備の絶縁劣化を検出し，それをもとに機器，設備の偶発故障期，劣化・摩耗期での長期の絶縁信頼性，機器や設備の安全性を確保することが目的である．しかしながら，各種試験結果と劣化の進行状況および機器・設備の残存寿命との関係を知ることは容易ではなく，さまざまな試験法の検討が行われている．

これらの絶縁試験については，**国際電気標準推奨規格（IEC）**，**日本工業標準規格（JIS）**，**電気規格調査会標準規格（JEC）**などにおいて，その試験条件，方法，手順，装置などが細かく決められているので，それらを参照して実施することが必要である．

5.2.2 加速劣化試験と寿命予測

電気機器やケーブルなどが絶縁劣化によってその性能が低下し，事故が起これば重大な問題となる．しかしながら，実際の劣化は速く進行するものから，ゆっくりと進行するものまでさまざまであり，機器やケーブルには数十年の耐用年数が求められている．したがって，実際に実使用条件で寿命を測ることは困難な場合が多い．そのため，さまざまな劣化の評価法や寿命予測法が検討されている．

実際に使用する電圧での，機器やケーブルの寿命を予測するもっとも一般的な方法は，実験的に求める電圧-時間特性（付録参照）を用いるものである．実使用電圧より高い電圧 V を印加して絶縁破壊にいたるまでの時間（あるいは性能低下により使用できなくなるまでの時間） t と，電圧 V の関係は図 5.6 に示すように，

$$t = k \cdot V^{-n} \quad (k \text{ は定数}) \tag{5.1}$$

となり，実験で求めた電圧-時間特性の直線を外挿して実使用電圧における寿命を求めることができる．言い換えれば，電圧印加時間 t に対して，破壊電圧は

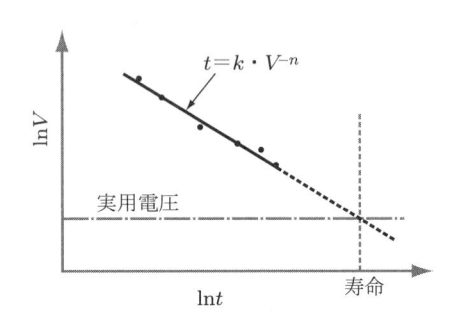

図 5.6 印加電圧と絶縁破壊にいたるまでの時間の関係

t^{-n} に依存して低下する．ここで，n は**寿命係数**とよばれる．劣化の種類，形態によって異なるので，印加電圧周波数を高くしたり，使用環境を模擬した熱サイクルや紫外線照射などの環境試験と組み合わせたりして試験を行い寿命係数を実験的に求めて，寿命の予測をすることが一般的に行われている．このような試験法を**加速劣化試験**とよんでいる．

しかしながら，実際の絶縁劣化においては長期の使用によって劣化の要因，種類，形態が変化したり，複数の種類の劣化が同時に進行したりすることが多い．そのため，予測寿命と実際の寿命とが必ずしも一致するとは限らず，あくまでも寿命の予測，目安であることに注意しなければならない．そこで，印加電圧や時間などに対する破壊確率をプロットした**ワイブル分布**も劣化診断，寿命予測に活用されている．

内部劣化による寿命と印加電界の関係の例として，絶縁物を含浸あるいは注型したモールド絶縁機器の絶縁状態の診断が挙げられる．診断は部分放電測定，絶縁抵抗および $\tan \delta$，過熱検出，耐電圧試験によって行われる．絶縁層内部欠陥の種類によって，図 5.7 に示すように，印加電界と寿命の関係が劣化の種類によって異なる．ここで，図の (1), (2) は 3 枚重ねのポリエチレンシートの中央

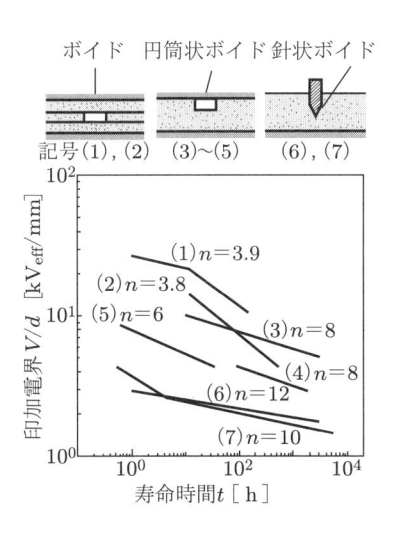

図 5.7 印加電界と部分放電劣化による寿命の関係
(電気学会技術報告：電力設備の絶縁余寿命推定法，第 502 号，pp.59–81 (1994))

一枚に円形の穴を有するものである．(3)～(7) はエポキシ樹脂板にボイドを設けたものである．ここで，$t = kV^{-n}$ に対する過電圧領域での傾き n から定格電圧における寿命が推定される．寿命係数 n の値が 2～5 程度のときはいわゆるコロナ劣化で，10 程度と大きくなると，トリーが発生しているといわれる．

縮小化 SF_6 ガス絶縁開閉装置（GIS）は耐環境性に優れていること，運転温度が低いこと，絶縁体中の電界が低いことなどのために，経年劣化の要因が少ない．しかし，近年，機器内部で浮遊するようなフリー金属異物に起因する部分放電の検出が盛んに行われている．

モールド絶縁機器の残存寿命を推定することは非常に困難である．部分的に健全層があると，漏れ電流に劣化の情報が現れない．それゆえ，部分放電現象による破壊の前兆現象となる放電パターンを捕らえることで，絶縁の残存寿命を推定する試みがなされている．

例題 5.1

油絶縁変圧器に用いられている絶縁油の寿命係数が $n = 25$ で，通常運転電圧値の 1.2 倍の電圧で運転を続けたとき，寿命はどのように変化するか．

解答

式 (5.1) から通常運転電圧 V_1 に対する寿命を t_1，1.2 倍の電圧 V_2 に対する寿命を t_2 とすると，

$$\frac{t_2}{t_1} = \left(\frac{V_1}{V_2}\right)^n$$

が導かれる．これに $V_2 = 1.2V_1$，$n = 25$ を代入すると，

$$t_2 = \left(\frac{1}{1.2}\right)^{25} t_1 = 0.0103 t_1$$

となり，寿命は約 100 分の 1 になってしまう．

5.3 部分放電の検出と劣化診断技術

5.3.1 部分放電の発生要因と検出の必要性

　部分放電は発生とともに電極間を短絡するような放電ではないため，すぐに機器や設備の故障につながることは少ないが，5.1.1項で説明したように絶縁劣化の要因となるため，早期発見が大切である．発変電機器にはきわめて高い信頼性が要求されているが，たとえば図5.8に示したように，電力機器内に混入した異物，導体上の傷・突起，ケーブルの絶縁や母線を支持する固体絶縁体（スペーサ）内のボイドなどの欠陥（電界集中源）など，部分放電の発生要因は多い．

　誘電体内のボイドや誘電体と電極間の空隙，誘電体上の異物などの存在によって部分放電が生じる．この部分放電にさらされた部分では，そのエネルギーで化学反応が起こり分子の分解や構造変化が生じたり，表面が徐々に削り取られたりする．部分放電が発生すると，固体絶縁体の劣化をはじめとして種々の絶縁の劣化が引き起こされ，絶縁破壊事故にいたる．すなわち，機器や設備の信頼性を低下させるとともに寿命減少の原因となる．この部分放電を絶縁破壊の前駆現象として初期の段階に検知することは，機器の損傷や電力系統の事故の回避に非常に有効である．機器，設備の初期欠陥の検出や絶縁性能の確保においては，絶縁耐力などの諸試験はもちろん重要であるが，電力の高品質化，安定供給，経済性の観点からは，保守，保全技術としての部分放電検出はきわめて重要である．最近では特に運転中，オンサイト（現地）での部分放電の検出と発生位置の特定，**絶縁劣化診断**，寿命予測が求められてきている．そのため，

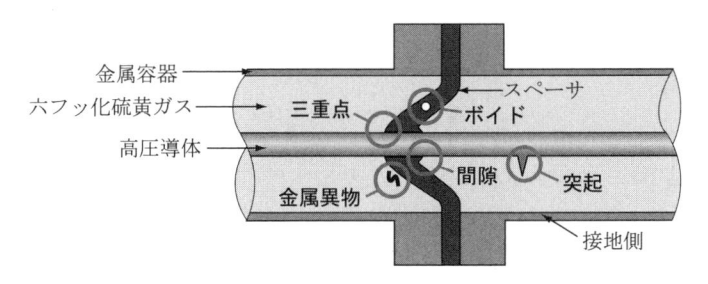

図5.8　SF$_6$ガス絶縁機器内の欠陥（電界集中源）

機器や設備内部で発生する部分放電を，高精度・高感度に検出する技術が開発されてきている．

5.3.2 部分放電の電気的検出

3.4節の部分放電の性質で述べたように，供試体に部分放電が生じるとその瞬間パルス状の放電電流が流れる．このパルス状放電電流を検出し，電流量，放電電流の発生回数，**放電電荷量**，**放電電力**（**放電エネルギー**）などの測定によって部分放電の大きさ，規模を知ることができる．

図5.9に部分放電の検出における基本回路を示す．供試体を表すコンデンサ C_x に対して並列に結合コンデンサ C_c を接続する．この供試体あるいは結合コンデンサに直列に検出インピーダンス Z_d を接続する．検出インピーダンスを介してオシロスコープやそのほかの計測器を接続し，部分放電の検出および諸量の測定を行う．ここで，結合コンデンサ C_c は通常数10 pF～10 nF程度で高周波電流を容易に通すため，部分放電によるパルス放電電流を検出できる検出イ

　　（a）検出インピーダンスと
　　　　供試体が直列

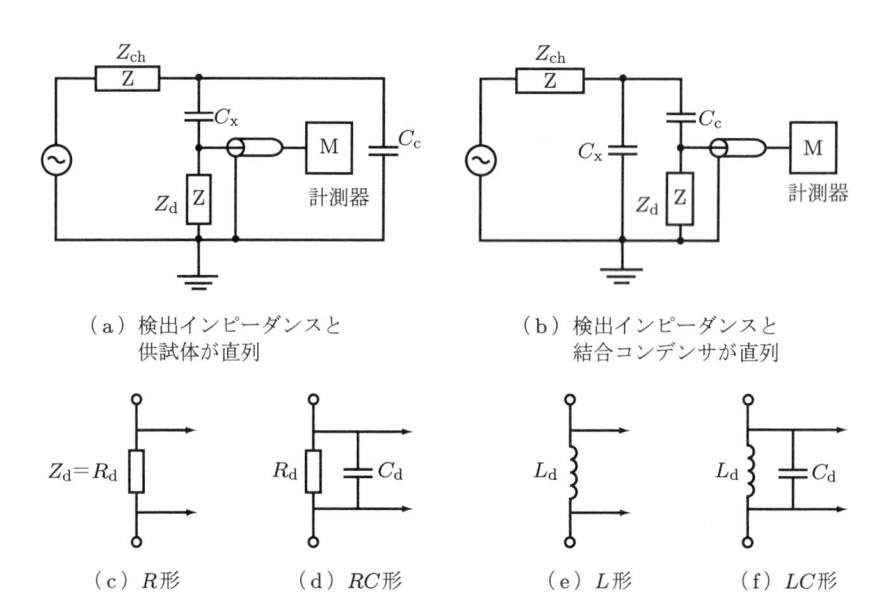

　　（b）検出インピーダンスと
　　　　結合コンデンサが直列

　（c）R形　　　（d）RC形　　　（e）L形　　　（f）LC形

図5.9　部分放電測定回路（(a)，(b)）と検出インピーダンス（(c)〜(f)）

ンピーダンスを抵抗 R_d とすれば，放電電流パルスの観測が可能であり，ハイパスフィルタをつけることによって電源周波数の交流成分を除去することもできる．ただし，このとき対地容量を考慮して電流パルスに対して時定数が十分短くなるように注意しなければならない．検出インピーダンスを抵抗 R_d とコンデンサ C_d による積分回路とすれば，パルス放電電流の積分である放電電荷量を測定することも可能となる．

3.4.2項図3.24に示したボイド放電において，電極間の静電容量 C_a は，

$$C_a = C_p + \frac{C_v C_s}{C_v + C_s} \tag{5.2}$$

である．電極間に交流電圧 $V(t)$ が印加されたとき，C_v にかかる電圧 $V_v(t)$ は放電が生じない場合，

$$V_v(t) = \frac{C_s}{C_v + C_s} V(t) \tag{5.3}$$

で表される．

印加電圧 $V(t)$ の上昇にともない $V_v(t)$ も増大し，C_v の火花電圧 V_s に達すると放電が生じる．このとき，C_v の電圧は式(5.3)の $V_v(t)$ と異なってくるのでこれを $V_g(t)$ とすると，$V_g(t)$ は放電によって V_i から残留電圧 V_r に瞬時に低下する．C_v で放電がはじまってから t 秒間に放電される電荷量を $Q(t)$ とすると $V_g(t)$ は，

$$V_g(t) = V_s - \frac{Q(t)}{C_{gr}} \tag{5.4}$$

となる．ここで，C_{gr} は C_v 端からみた静電容量で，次式で表される．

$$C_{gr} = C_v + \frac{C_p C_s}{C_p + C_s} \tag{5.5}$$

$V_g(t)$ が V_s から V_r に低下するのに要する時間を t_0 とすると，$V_g(t_0) = V_r$ となるので，

$$V_s - V_r = V_s - V_g(t_0) = \frac{Q(t_0)}{C_{gr}} \tag{5.6}$$

となる．$V_g(t)$, $Q(t)$ およびパルス状放電電流 $i(t)$ の時間変化は図5.10のようになる．ボイド放電における放電パルス形成時間 t_0 は一般的に 10^{-8} 秒以下であり，また V_r はほぼ0と考えられているので，ここの放電パルスの電荷 q_r は式(5.6)から，

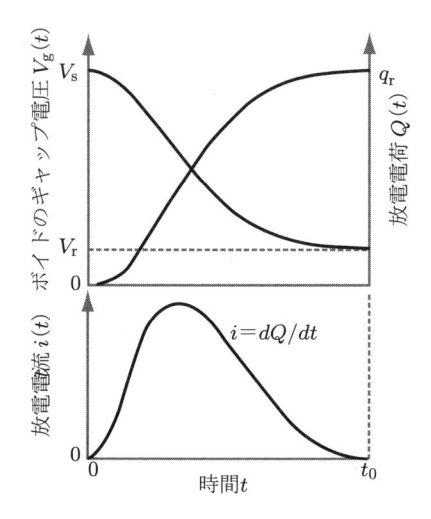

図 5.10 $V_g(t)$, $Q(t)$ およびパルス状放電電流 $i(t)$ の時間変化

$$q_r = Q(t_0) = C_{gr}(V_s - V_r) \tag{5.7}$$

となる．$C_s \ll C_p$ のとき，$C_{gr} = C_v + C_s$ となるので，

$$q_r = (C_v + C_s)(V_s - V_r) \tag{5.8}$$

となり，個々の放電パルスの放電エネルギー W は次式となる．

$$W = \int_0^{q_r} V_g(t)\, dQ = \frac{1}{2} C_{gr}(V_s^2 - V_r^2) \tag{5.9}$$

しかし，実際には V_s および V_r を測定することはできないので，q_r と W を求めることはできない．そこで，電極間の放電による電圧変化を ΔV とすると，式 (5.7) から，

$$\Delta V = \frac{C_s q_r}{C_v C_p + C_v C_s + C_p C_s} \tag{5.10}$$

が得られる．ここで，

$$q = \frac{C_s}{C_s + C_v}\, q_r \tag{5.11}$$

で定義される q を導入し，式 (5.3) と式 (5.10) から ΔV は次式で表される．

$$\Delta V = \frac{(C_\mathrm{v}+C_\mathrm{s})q_\mathrm{r}}{C_\mathrm{v}C_\mathrm{p}+C_\mathrm{v}C_\mathrm{s}+C_\mathrm{p}C_\mathrm{s}} = \frac{q}{C_\mathrm{a}} \tag{5.12}$$

したがって，新たに導入した $q = C_\mathrm{a} \cdot \Delta V$ で表される電荷が放電して ΔV の電圧変化を生じたことになる．この q は見かけの放電電荷といわれる．また，$q < q_\mathrm{r}$ である．$C_\mathrm{s} \ll C_\mathrm{p}$ あるいは $C_\mathrm{v} \ll C_\mathrm{p}$ ならば，

$$q \approx C_\mathrm{s} V_\mathrm{s} \tag{5.13}$$

となる．放電エネルギー W は式 (5.9) から

$$\begin{aligned} W &= \frac{1}{2} C_\mathrm{gr}(V_\mathrm{s}^2 - V_\mathrm{r}^2) \\ &= \frac{C_\mathrm{v}C_\mathrm{p}+C_\mathrm{v}C_\mathrm{s}+C_\mathrm{p}C_\mathrm{s}}{2(C_\mathrm{p}+C_\mathrm{s})}(V_\mathrm{s}-V_\mathrm{r})(V_\mathrm{s}+V_\mathrm{r}) \end{aligned} \tag{5.14}$$

であり，式 (5.7) と (5.10) より，

$$W = \frac{1}{2} q \frac{C_\mathrm{v}+C_\mathrm{s}}{C_\mathrm{s}}(V_\mathrm{s}+V_\mathrm{r}) \tag{5.15}$$

である．C_v の放電がはじまるときの印加電圧の瞬時値 V_ip（放電開始電圧波高値）とし，$V_\mathrm{r} \approx 0$ で，

$$W = \frac{1}{2} q \frac{V_\mathrm{ip}}{V_\mathrm{s}}(V_\mathrm{s}+V_\mathrm{r}) \approx \frac{1}{2} qV_\mathrm{ip} \tag{5.16}$$

が得られる．したがって，放電開始電圧 $V_i = V_\mathrm{ip}/\sqrt{2}$ と q が測定できれば放電エネルギー W を求めることができる．

そこで，図 5.11 のように供試体に抵抗 R_d とコンデンサ C_d によって構成さ

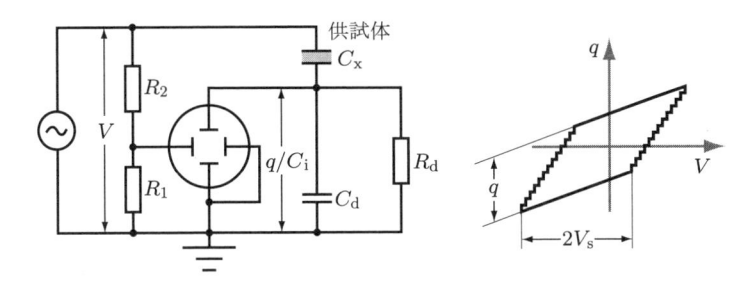

図 5.11　リサージュ図形による放電エネルギーの測定

れる検出インピーダンス Z_d を接続し，オシロスコープ上に C_d の充電電流および分圧器を介して印加電圧からなる平行四辺形の図を描かせる．この平行四辺形の面積から，サイクルあたりの放電エネルギーを求めることができる．平行四辺形の面積によるサイクルあたりの放電エネルギーを $2qV_{ip}$，使用するオシロスコープの縦，横の偏向感度を D_1, D_2，電源周波数を f，また分圧比を k とするとき，V-Q 曲線の囲む面積 S と放電部分での電力 W の関係を求めると，

$$S = \int_0^{1/f} D_1 kV \left(\frac{D_2}{C_d} \int I \, dt \right) = \frac{kD_1 D_2}{C_d} \int_0^{1/f} VI \, dt$$

$$= \frac{kD_1 D_2}{C_d f} W \tag{5.17}$$

$$W = \frac{fC_d}{kD_1 D_2} S \tag{5.18}$$

となる．ここで，V は分圧された印加電圧である．

また，部分放電の測定においては，印加電圧に対する部分放電の発生位相 ϕ，放電電荷量 q，発生頻度 n を測定することが一般的に行われている．図 5.12 は部分放電測定器を用いた測定系である．部分放電測定部，検出部，校正パルス発生部およびプローブで構成される．①供試体に発生する部分放電にともなう

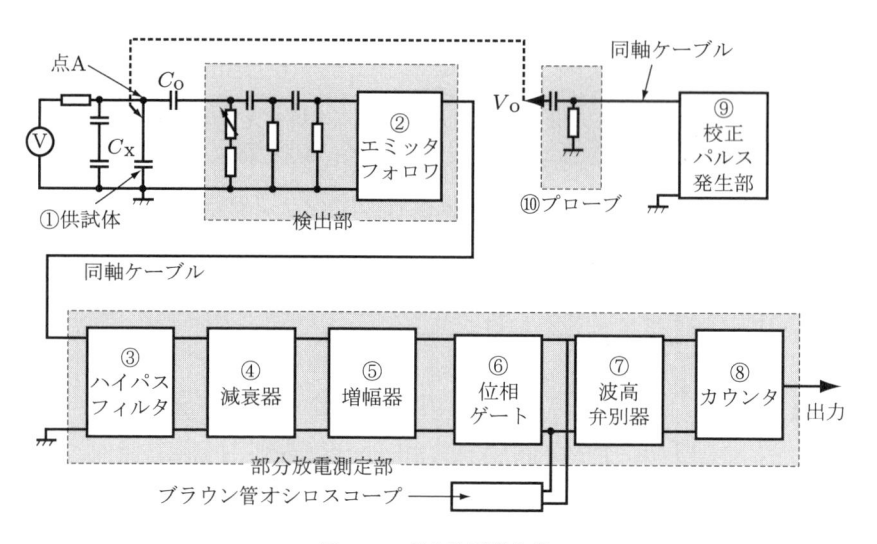

図 5.12 部分放電測定系

5.3 部分放電の検出と劣化診断技術

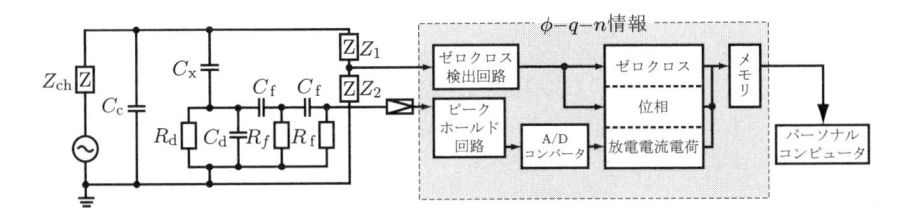

図 5.13 コンピュータを用いた部分放電測定システム

パルス電流は検出部に入力される．検出抵抗によりパルス電圧信号として検出され，また電源周波数成分は③ハイパスフィルタによって取り除かれる．②エミッタフォロアと同軸ケーブルの特性インピーダンスは整合されており，パルス電圧は減衰，変歪することなく④減衰器，⑤増幅器を通る．さらに⑥位相ゲートで特定の位相領域のパルスのみが取り出されて出力される．⑦設定電圧以上のパルスを選択し，⑧カウンタで計数することによって，位相，発生頻度を測定することができる．また，測定に際して⑨校正パルスを発生させて⑩プローブを介して直角波電圧 V_0 を印加して，点 A と大地間に既知の小さな静電容量 C_0 を通して供試体に電荷を注入して，増幅器出力端のパルス電圧波高値を測定する．このとき，$Q = C_0 V_0$ の電荷が供試体に加えられているので，これを用いて実際の部分放電発生時の放電電荷量 q を求めることができる．

最近ではパーソナルコンピュータなどの発達にともない，これらを自動で簡単に行うことのできる部分放電測定器が使われる（図 5.13）．

例題 5.2

図 5.14 のように平行平板間が固体絶縁物で絶縁されている．上側の電極と固体絶

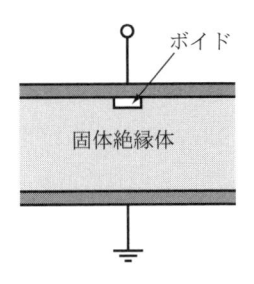

図 5.14 絶縁物中のボイド

縁物の間にボイドができている．ここに 60 Hz, 4 kVrms の交流電圧を印加した．このとき，ボイドで発生する部分放電の特性を調べよ．ただし，固体絶縁物の誘電率を 3，ボイドの面積，厚みをそれぞれ $100\,\mathrm{mm}^2$，0.1 mm，ギャップ 1 mm のときの空気の絶縁破壊電圧を 1 kV とする．

[解答]

ボイド部分の静電容量 C_v とそれに直列な健全部分の静電容量 C_s の比を求めると，

$$\frac{C_\mathrm{v}}{C_\mathrm{s}} = \frac{1/0.1}{3/0.9} = 3$$

となる．次に，ボイドにかかる電圧 V_v を求める．ボイド内で放電が起こらなければ，

$$V_\mathrm{v} = \frac{C_\mathrm{s}}{C_\mathrm{v}+C_\mathrm{s}} V_0 \sin\omega t = \frac{3}{9+3}\sqrt{2}\cdot 4\times 10^3 \sin 120\pi t$$
$$\approx 1.41\times 10^3 \sin 120\pi t$$

となる．半周期におけるボイド放電の発生回数は，正負両極性の最大電圧差 $2V_\mathrm{v}$ を放電開始電圧 V_i で割った数になる．いま，ここでは放電開始電圧 V_i は空気の絶縁破壊電圧 1 kV としてよい．したがって，発生回数 n は $n=1.41$ となり，半周期に 1 回だけボイド内で放電が発生することになる．また，ボイド内全体で均一に放電が起こると仮定すれば，放電パルスの大きさ Q は，

$$Q = C_\mathrm{v}V_\mathrm{i} = 8.85\times 10^{-12}\times \frac{1}{10^{-4}}\times 10^{-4}\times 10^3$$
$$= 8.85\times 10^{-12}\,[\mathrm{C}]$$

となる．

5.3.3 部分放電と電流波形

部分放電は電極間の誘電体の一部が絶縁破壊するもので，誘電体中の内部放電，誘電体表面の沿面放電，突起状の金属電極からのコロナ放電に分類される．もちろん，沿面放電と内部放電の中間，突起部が絶縁体で覆われた放電もある．

図 5.15 に，直流電圧で放電開始電圧に保持されたガラスバリア間の空気層に，過電圧パルスが印加されたときの放電電流波形を示す．これは，沿面放電と内部放電の中間に相当する．過電圧によって，空気の場合は山型，タウンゼント型，ストリーマ型に転移することがわかる．SF_6 ガスの場合はストリーマ型の放電が現れる．

時間 (20 ns/div)
(a) 山型 (ΔV=5.9 V)

時間 (20 ns/div)
(b) タウンゼント型 (ΔV=11.8 V)

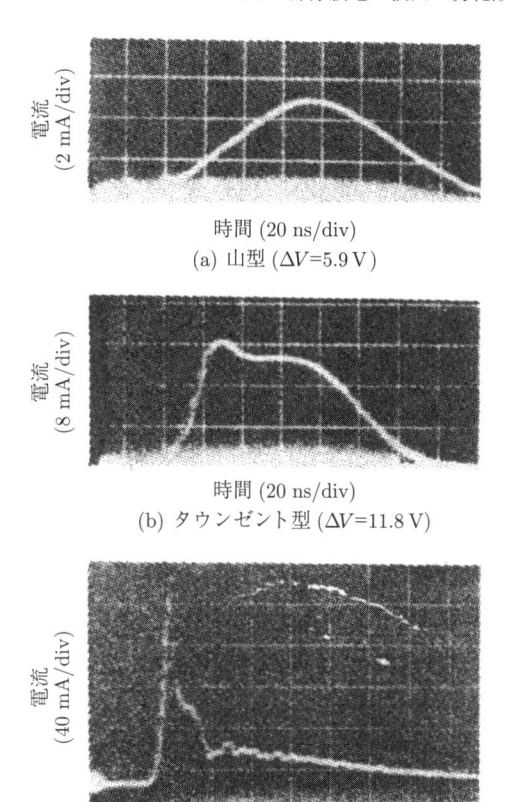

時間 (20 ns/div)
(c) ストリーマ型 (ΔV=29.8 V)

図 5.15　過電圧と放電電流パターンの関係

5.3.4　新しい部分放電の検出法と劣化診断技術

　従来，機器を系統から切り離した定期的な保守・点検時に，絶縁油や絶縁ガスのサンプルを機器，設備から抽出し，そのサンプル中に含まれるガス，不純物などの分析や，X線や超音波を用いた探傷によって変圧器などの機器，設備の絶縁診断と経験則による寿命予測が行われてきた．しかし，電力の高品質化，安定供給，経済性の観点からは，運転中，オンサイトでの部分放電の検出と発生位置の特定，絶縁劣化診断と残存寿命予測が求められており，これらに関する技術開発が進められている．

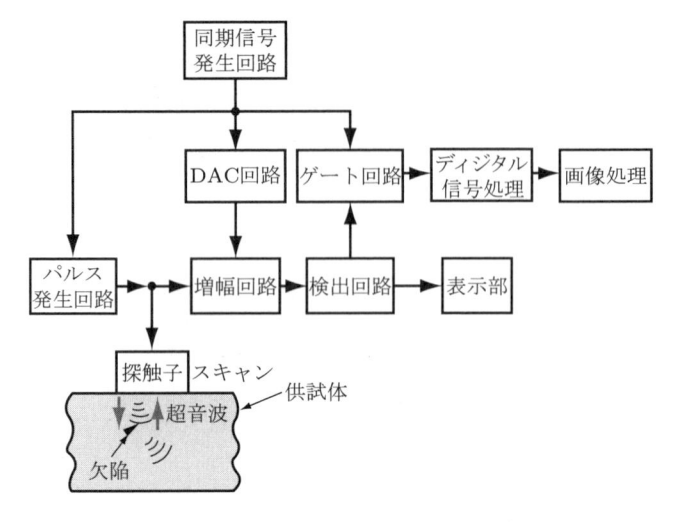

図 5.16 超音波による内部欠陥および部分放電検出システム

　部分放電の検出方法としては，先に述べたパルス電流や電圧などの電気的な方法によるものが多いが，その他に，部分放電の発生にともない生じる音波，発光を検出する電磁的方法，音響的方法，光学的方法などがある．これらの方法では，特にセンサの組み合わせで発生位置の特定が比較的容易に可能である．さらに，図 5.16 に基本システム構成を示した，音波の一種である超音波による部分放電の原因となる欠陥の検出方法では，最新の信号処理技術や画像処理技術を併用して，得られた電磁波や超音波スペクトルの特徴を抽出することによって，機器における部分放電発生の原因となる欠陥の種類や劣化の形態などの情報を得たり，可視化することも可能となっている．これらの検出技術と情報処理技術によって構築されたエキスパートシステムがケーブル，機器，設備の絶縁劣化診断に用いられるようになってきている．

演習問題　5

1 問図 5.1 の回路において，コンデンサ C を挿入した場合の力率改善について考察せよ．

2 絶縁機器の故障確率の経時変化を三つの領域に分けて説明せよ．また，第一の領

コラム 147

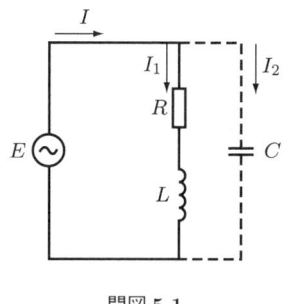

問図 5.1

域と第三の領域における故障を低減するため，それぞれどのような試験が行われるか説明せよ．

3 電力機器における部分放電の検出が必要である理由を説明せよ．

4 電気トリーと水トリーの区別を述べよ．

5 部分放電はどのような量によって特徴付けられるか，またそれらの測定はどのような回路によって行われるかについて説明せよ．

6 電力機器において部分放電発生の原因となる欠陥（電界集中点）にはどのようなものがあるか．

コラム　エネルギー消費による気温上昇をシュテファン-ボルツマンの法則から求めてみる

シュテファン-ボルツマンの法則によって，絶対温度 T の物体から 1 秒間，$1\,\mathrm{m}^2$ あたりに放射するエネルギー W は，

$$W = \sigma T^4$$

で与えられる．ここで，σ はシュテファン-ボルツマン定数で，$\sigma = 5.67 \times 10^{-8}\,\mathrm{W/(m^2 \cdot K^4)}$ である．

人間活動があるときの地球の温度を T とし，人間活動のないときの地球の温度を T' とすると，$T - T' = \Delta T$ が気温上昇となる．

人間活動による年間消費エネルギーは，石油換算で 84.8 億 t だから，石油 1 g 当たりの発熱量を 43 kJ とすると発熱量は

$$84.8 \times 10^8 \times 10^6\,\mathrm{g} \times (43 \times 10^3)\,\mathrm{J/g} = 3.65 \times 10^{20}\,\mathrm{J/年}$$

ここで炭素 1 g 当たりの発熱量を 32.8 kJ として，炭素換算すると，

$$= 1.11 \times 10^{16} \text{ gC/年} = 0.011 \text{ TtC/年} = 110 \text{ 億 tC/年}$$

と求まる．地球の半径 $R = 6\,400$ km を用いて人間活動があるときの地球の温度 T を求めると，

地球の有するエネルギー ＝ 太陽放射から反射光を差し引いたエネルギー
　　　　　　　　　　　　＋人間活動によるエネルギー

だから，太陽定数（太陽放射に垂直な面が受けるエネルギー）は，1 秒間に 1 m² 当たり 1 368 W/m²，地表によるエネルギーの吸収率は 0.49 だから

$$1\,368 \times 0.49 \times \pi \times (6\,400 \times 10^3)^2 + \frac{3.65 \times 10^{20}}{24 \times 60 \times 60 \times 365}$$
$$= 4\pi R^2 \sigma T^4$$

から $T = 233.167$ K を得る．

一方，人間活動のないときの地球の温度 T' は，

地球の有するエネルギー ＝ 太陽放射から反射光を差し引いたエネルギー

となるので，

$$1\,368 \times 0.49 \times \pi \times (6\,400 \times 10^3)^2 = 4\pi R^2 \sigma T'^4$$

から $T' = 233.163079$ K を得る．したがって，$\Delta T = T - T' = 0.004$ K と求まる．これは，人間活動がある場合とない場合の気温差の実測値（0.4～0.8℃）と比べてはるかに小さいので，**地球温暖化は人間のエネルギー消費によって発生した熱そのものによるものではないといえる**．

第6章 高電界現象の応用

　通常，高電圧工学の応用といえば主として静電気を利用した領域を意味している．高電圧応用においては静電荷の発生方法として摩擦電気，コロナ放電，放射線などが考えられ，中でもコロナ放電は安定で大量に電荷を供給できるので，電気集塵装置，静電型空気清浄機，静電塗装など応用も多岐にわたっている．これらは，見方を変えれば高電界の応用，放電応用ということもできる．特に，21世紀に入り高精細，高画質の次世代DVD（Digital Versatile Disc），ディジタルビデオカメラなどを基本とする本格的なブロードバンドネットワーク時代やディジタルハイビジョン放送の時代の到来に応えるため，大画面，高画質のディスプレイが求められている．高電圧工学でみられるさまざまな現象は，高電界現象の応用としてエレクトロニクス機器に浸透している．現在のエレクトロニクス機器は，小型化，軽量化が進んでいるため，扱う電圧は小さいが，高電界現象の機器応用という観点から機器の基本原理，動作機構などを把握することが大切である．

　本章では，高電界現象を利用した機器について概観し，現代エレクトロニクス技術の学際的進展，展開が図られていることを学ぶ．

6.1　蛍光放電管

　蛍光放電管は，放電現象を利用したエネルギー効率の高い照明機器である．図6.1に蛍光放電管の点灯回路を示す．蛍光放電管内は，アルゴンなどの薄い希ガスおよび水銀が封入されている．また，フィラメント表面にはエミッタとよばれる電子放射性物質が塗布されており，温度が高くなると電子が放出される．スイッチSを入れるとグロー放電管内の電極（バイメタル）に電圧が印加され，電極間で放電が生じ，電極が加熱されるので接触して回路に電流が流れる．このとき，蛍光放電管のフィラメントが熱せられ電子放出しやすい状態になって

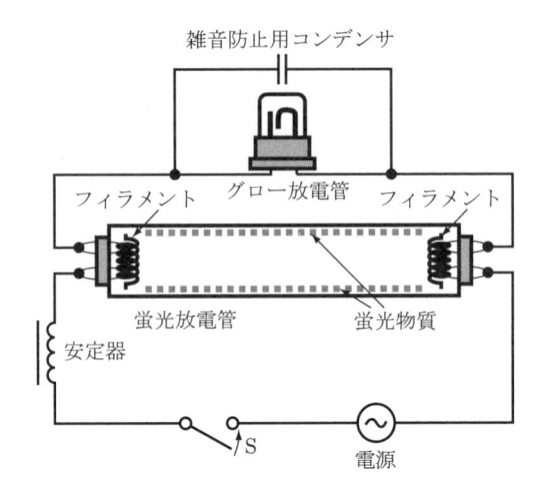

図 6.1 蛍光放電管の点灯回路

いるが，グロー放電管内の温度が下がりバイメタルの電極が離れるので回路電流が急に遮断される．このとき，安定器の存在による電磁誘導作用により逆起電力が発生し，フィラメントに高電圧が印加され電子放出され放電が開始される．放出された電子は，水銀原子と衝突し紫外線を発生する．この紫外線が蛍光放電管内に塗布してある蛍光物質に照射され励起して発光する．また，蛍光放電管の中のガスは，当初，減圧されているが絶縁性であり，最初パルス的に高電圧をかけて放電を開始する必要がある．しかし，一旦放電すると，長い蛍光放電管であっても中央部の光っている領域のほとんどは陽光柱とよばれるプラズマ状態で，低抵抗であるので，放電を維持するのには低電圧で十分である．

6.2 プラズマディスプレイ

プラズマディスプレイは，放電 (プラズマ) で発生した紫外線を蛍光体に照射して面発光させる薄型ディスプレイの一つで，蛍光灯と同じ原理である．0.1 mm 程度の隙間で設置した 2 枚の透明電極間に，放電しやすいネオンガスあるいはキセノンガスを封入し，電極間に百数十 V の電圧を印加して放電を起こすと，ガスはプラズマ状態となり紫外線を発生する．電極間内面に塗られた蛍光体に

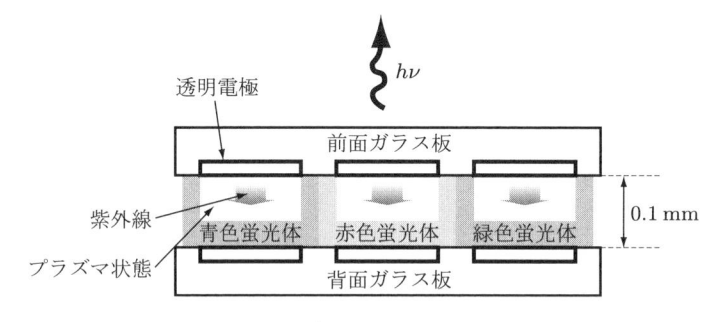

図 **6.2** プラズマディスプレイの原理図

発生した紫外線が照射され，発光する．フルカラー表示するには，図 6.2 に示すように赤，青，緑色の蛍光体をピクセル単位で塗り分ければよい．

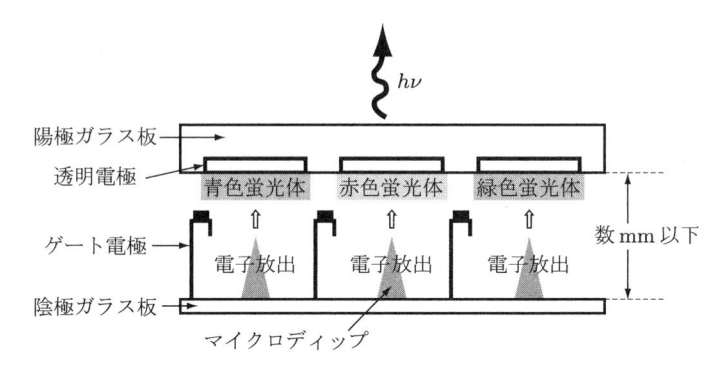

6.3 電界放出ディスプレイ

電界放出ディスプレイの基本原理は，陰極線管ディスプレイ（CRT, Cathode Ray Tube, ブラウン管テレビ）と同じであるが，ピクセル単位で電子放出機構を備えており，FED（Field Emission Display）ともよばれる．図 6.3 に示すように，数 mm 以下にした陽極ガラスと陰極ガラス基板間に，ピクセルごとに電極を配置している．陽極ガラス側には蛍光体を設置し，陰極ガラス側にはマイクロディップとよばれる電子放出電極とゲート電極を設置し，マイクロディッ

図 **6.3** 電界放出ディスプレイの原理図

プとゲート電極間の電位差により，マイクロディップ先端から電子を放出させ，陽極ガラス側にある赤，青，緑の3色の蛍光体に照射してフルカラー表示を得ている．

電子放出には冷陰極電界放出が用いられる．マイクロディップとして回転蒸着法による円錐形状のスピントエミッタを用いた場合，先鋭な先端形状を再現性よく作製する困難さや，マイクロディップの寿命の短かさなどが課題となっている．電子放出には，回転蒸着法エミッタでは高電圧駆動となるが，カーボンナノチューブを使用することで低電圧駆動できるため，性能，価格面も含めて開発が進められている．

6.4 表面電界ディスプレイ

表面電界ディスプレイは，CRTと同様に蛍光体に電子を照射して発光する自発光型ディスプレイで，SED（Surface-conduction Electron Emitter Display）とよばれている．電子放出部をピクセルの数だけ設置した構造としており，図6.4に示すように，電子放出部として幅数nmに調整した電子放出電極間に十数ボルトの電圧を加え，電界放出により電子を放出させる．この電子はナノギャップ間を表面伝導し，対極で散乱されるので，ガラス基板間に印加された10 kV

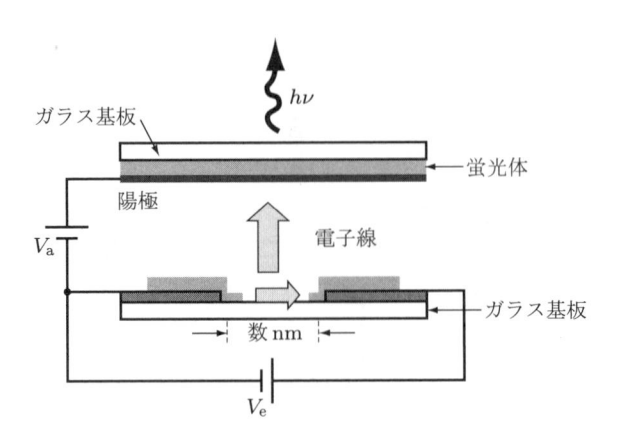

図6.4 表面電界ディスプレイの電子放出部の概略図

程度の高電圧で陽極ガラス基板面へ加速され，蛍光体に照射され，蛍光体が発光する．フルカラー表示するには，赤，青，緑色の蛍光体をピクセル単位で塗り分ければよい．

6.5 液晶ディスプレイ

　液晶は，固体（結晶）と液体の両方の性質を有している液状の有機物で，棒状の分子が規則性をもって配列する．液晶分子には，配向膜という浅い溝のある板の上で溝に沿って配列する性質と，電圧が印加されると電界に沿って配列する性質がある．液晶ディスプレイは，この性質を使って光の透過量を制御することにより画像を表示するディスプレイで，電界放出ディスプレイのように発光することで画像を表示するディスプレイとは原理が根本的に異なる．図 6.5 に示すように液晶分子を配向膜を用いて配列させ，液晶分子が互いに 90° ねじれて配列するように 2 枚の配向膜を向き合わせて重ねる．両方の配向膜の外側にさらに偏光板を光の通過方向を 90° ずらして設置し，一方の偏向板から光を入射すると，光は"ねじれた液晶の間をねじれながら進む"のでもう一方の偏

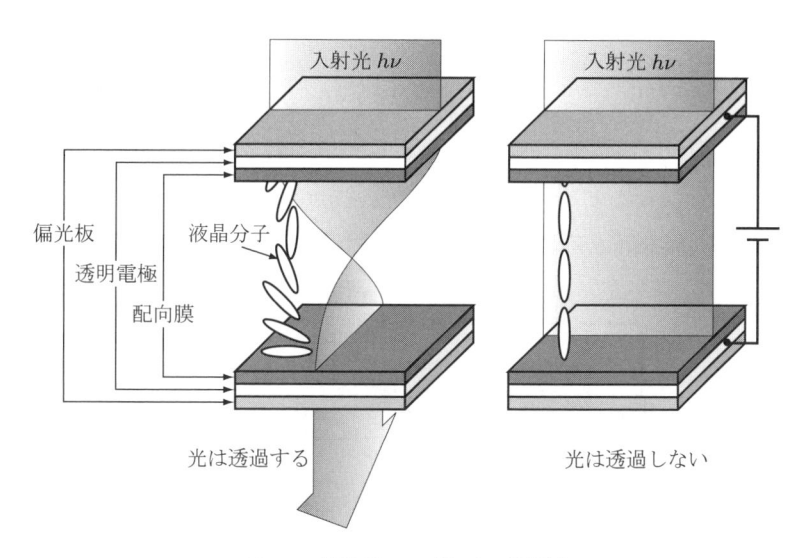

図 6.5　液晶ディスプレイの原理図

光板を透過する．しかし，この液晶に電圧を印加すると，液晶分子が電界方向に配列するので偏光板から入射した光は"ねじれることなく液晶間を進む"が，対向にある偏光板は 90°ずれているので透過しない．フルカラー表示は，ピクセル単位で光の透過を制御してカラーフィルタを通して実現している．

6.6 有機電界発光ディスプレイ

有機電界発光ディスプレイは，液晶ディスプレイなどに比べて明るく高精細な画像が表示でき，広い視野角をもち，応答速度が速く，薄型，軽量化が可能で，バックライト不要，低消費電力などの特長を有しており，高機能フラットパネルディスプレイの実現には不可欠である．最近，携帯電話やモバイル小型電子機器に，フルカラー有機電界発光ディスプレイが使用される検討がなされている．

有機電界発光素子は図 6.6 に示すように，一般にガラスなどの透明な基板上に陽極として ITO 透明導電膜，その上に単層あるいは多層の有機キャリア輸送層，有機発光層を積層し，その表面にアルミニウムなどの金属が陰極として順次製膜された構造をしている．基板を除いた素子の厚さは数 μm 程度で，直流電圧は数 V 程度で鮮明に発光する自発光型薄膜素子である．このような素子では，ピンホールなどの欠陥から浸入する水分，有機材料がもともと含有していた極微量の水分などによって陰極が酸化したり，有機材料との界面で剥離することによるダークスポットの発生や拡大などが原因で，寿命や信頼性などの表示品質が著しく低下することが，実用化を困難にしていた最大の原因である．

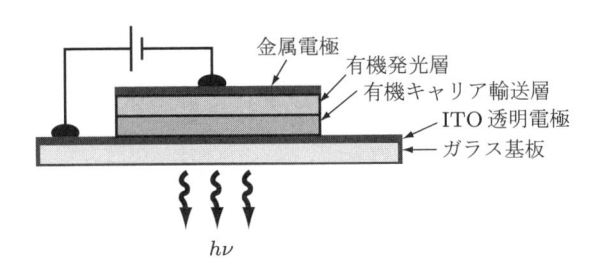

図 6.6　有機電界発光素子の構造

コラム　アラゴの円盤

　銅やアルミニウムなどの円盤導体に磁石を近づけ回転させると，この円盤が同方向に回転するという現象を 1824 年アラゴ（フランス）が見つけている．図に示すように円盤をはさむように U 字型磁石をおき，この磁石を円盤に沿って回転させると，フレミングの右手の法則に従って円盤には渦電流 1，2 が発生する．このとき渦電流 1 は磁石から離れる（磁石による磁界が弱くなる）ので右まわりに，渦電流 2 は磁石に近づく（磁石による磁界が強くなる）ので左回りに発生する．このとき電磁誘導作用（レンツの法則）により渦電流 1，2 を打ち消す方向，すなわち円盤の中心に向かう電流が円盤に発生する．したがって，フレミングの左手の法則により，円盤には右回りの力が作用することになる．家庭に設置されている電力計はアラゴの円盤の原理によっており，磁石の代わりにコイルを設けて，コイルを流れる交流電流による磁力で回転力を発生させている．コイルを流れる交流電流は電圧が一定（100 V あるいは 200 V）なので使用電力に比例するので電力計測できる．

　なお，電磁誘導作用により発生する渦電流に起因する熱（電磁誘導加熱）を利用した家庭用機器に，電気炊飯器や電磁調理器（induction heating，IH）がある．

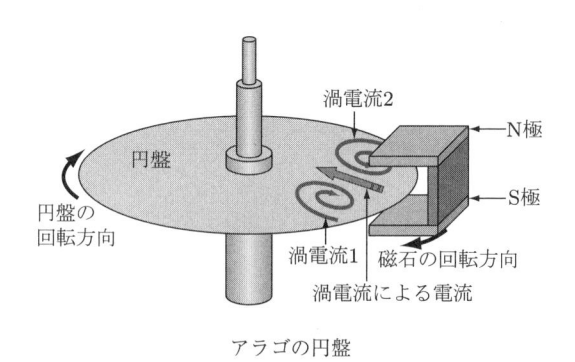

アラゴの円盤

6.7 燃料電池

水を電気分解すると，正極に酸素，負極に水素が発生するが，図 6.7 に示すように正極に酸素，負極に水素を供給すると，極板の触媒作用によりそれぞれ酸素イオン，水素イオンを発生し，電解質を通る水素イオンが酸素イオンと化学反応して水ができる．すなわち，負極では $H_2 \rightarrow 2H^+ + 2e^-$，正極では $4H^+ + O_2 \rightarrow 2H_2O$ が生じて，電気エネルギーと熱エネルギーを取り出すことができる．ちょうど水の電気分解とは逆の化学反応が起こっている．燃料電池は，化学反応によって二酸化炭素や有害ガスなどを一切排出せず，副産物として水だけができるので，地球環境負荷の少ない究極のエネルギーとして注目されている．

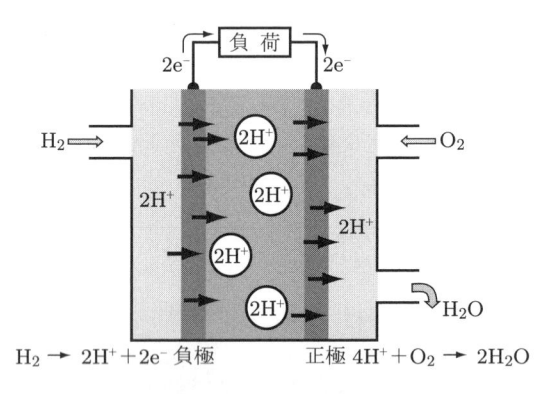

図 6.7 燃料電池の構造

6.8 電子ペーパー

電子ペーパーはユビキタス高度情報化社会を反映して，いつでもどこでも手軽に読めるポケットブックに用いるために開発された製品である．電子ペーパーの大きな特徴は，書き換えができるという点であり，実用化されている方式の一つに，図 6.8 に示すマイクロカプセルを用いた電気泳動方式がある．これは，二枚の透明電極間に配置されたマイクロカプセル内に，カーボンブラックの黒

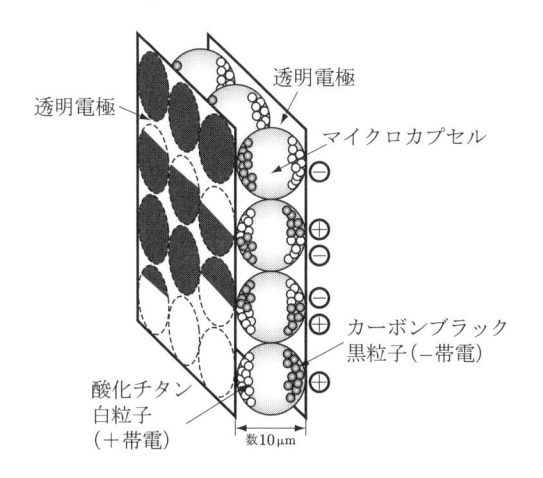

図 6.8　電気泳動方式による電子ペーパーの原理図

粒子と酸化チタンの白粒子が入っており，電圧印加により白と黒の粒子を帯電させ移動させて文字や図をモノクロ表示，消去させるしくみとなっている．フルカラー表示には紫外線を当てると発色し，その物質が吸収する特定の波長の光を当てると脱色するフォトクロミック化合物を用いる技術も検討されているが，色を維持できる時間の制御が重要課題である．

一方，コレステリック液晶型の電子ペーパーは，メモリ性を有しており，特定の波長の光を反射する性質があるのでフルカラー表示が可能で，薄い，軽い，明るいという性質も備えている．図 6.9 に示すように螺旋状分子が縦向きに配列して光を反射する状態にあるとき，低電圧を加えて螺旋状分子を横向きにすると光は透過する．このとき電圧を切っても螺旋状分子は安定している．しかし，高い電圧を加えて螺旋を伸ばし，電圧を切ると液晶分子どうしの反発で縦向きの螺旋で安定化し光を反射する．図 6.9 に示すように赤，青，緑色の決められた波長の光を反射する液晶を組み合わせることにより，フルカラー表示が可能となる．

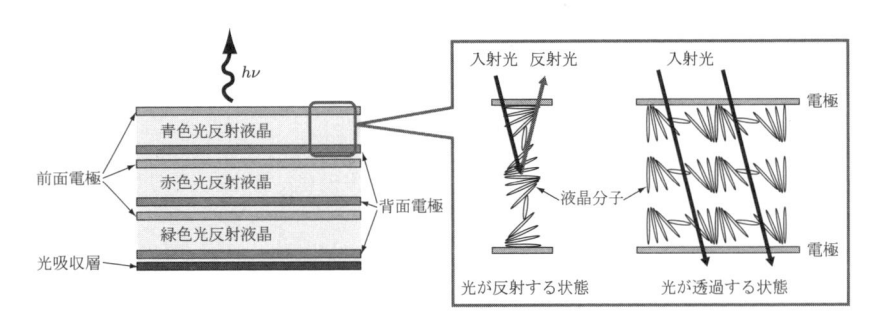

図 6.9 コレステリック液晶を用いた電子ペーパーの原理図

6.9 電気集塵装置と空気清浄機

気体中に浮遊する微粒子を静電気現象を利用して収集し，気体と微粒子を分離する装置を電気集塵装置という．帯電した微粒子が静電気力によって対向電極に吸引される現象はイギリスのロッジ（Lodge）らによって研究され，アメリカのコットレル（Cottrell）が工業的にはじめて実用化した．図 6.10 に電気集塵の構造を示す．集塵量にもよるが，通常，$10\,\mathrm{kV}$〜数 $10\,\mathrm{kV}$ の負極性電圧を放電線に印加し，コロナ放電を発生させて微粒子を帯電させる．そして，静電界を加えることで発生する静電気力によって帯電した微粒子を対向電極に吸

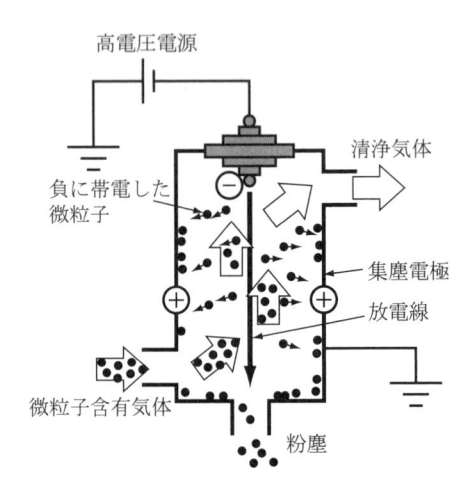

図 6.10 電気集塵装置の構造

引し，集積させている．

電気集塵装置は，約 0.1 μm 以下の極微粒子を低風速で捕集でき，高温，高圧でも使用できる．消費電力は小さく，保守が簡単であるが，集塵効率は微粒子の抵抗率の影響を大きく受けることから，2 段式あるいは湿式などの改良型集塵装置がある．電気集塵装置の原理を塗装技術に応用したものが静電塗装であり，静電気力を利用すると静電選別が可能となる．

一方，空気清浄機は，電気集塵装置と基本原理は同じで，悪臭，煙草の煙，花粉あるいはアレルギーの原因とされるダニの死骸などを除去することを目的としている．図 6.11 に示すように，ファンにより集められた汚染空気は，前段フィルタを通過させて比較的大きな埃を除去する．細かな埃（超微粒子を含む）は集塵装置を通過することで正に帯電し，負に荷電した集塵フィルタに集められ除去される．なお，悪臭は脱臭フィルタを通過することで除去される．体に良好でリラックス効果のある負イオン発生装置を搭載した空気清浄機もある．

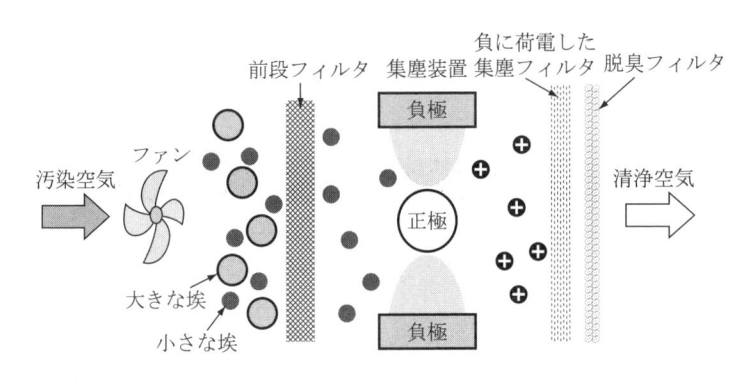

図 6.11　空気清浄機の構造

6.10　電子レンジ

電子レンジは，**誘電加熱**を利用した電磁調理器である．2.2 節で述べたが誘電体に電界を印加すると，誘電体を構成している電子，イオンの電荷の移動あるいは双極子の回転などにより分極が起こり正負電荷の重心位置がずれ，電界

の方向に向きをそろえようとする．周波数の高い交流電界中におかれた誘電体では，電界の極性反転に追従しようとする電荷，双極子の激しい運動が起こり摩擦熱が発生する．このような発熱作用を誘電加熱とよんでいる．

図 6.12 に示すように，周波数 2.45 GHz のマイクロ波を食品に照射することで，食品内に含まれている水分子をマイクロ波の極性に合わせて激しく振動させ，内部から摩擦熱を発生させて加熱するしくみである．マイクロ波の発生には，マグネトロンとよばれる真空管が用いられている．

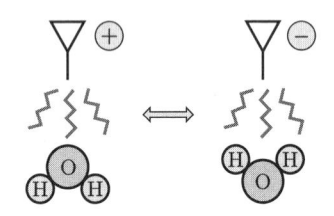

マイクロ波の極性に応じて水分子は極性を変える．
水分子は 1 秒間に 245 000 万回振動する．

図 6.12 誘電加熱の原理

6.11 複写機

複写機は，静電気現象を利用した電気機器の一つである．図 6.13 に複写機の構造概略図を示す．ドラム表面に薄く塗布されているセレンは光伝導効果を有していて感光体として作用する．通常，セレンは絶縁体であるが，光があたると導体になる．あらかじめセレンを正に帯電させておき，原稿に照射された光のうち反射光がドラム表面のセレン薄膜にあたるので，その部分は導体となり正電荷は Al 板へ移動する．反射光のない部分は，正電荷が蓄積された状態である．負に荷電したトナーをドラムに接触させると，静電誘導により正電荷が存在する場所に付着する．正に荷電した用紙をドラムに接触させると，負に荷電したトナーは用紙に付着する．トナーに含まれるプラスチックを高温で溶かして定着させ複写が完了する．なお，現在では感光体には，セレンのほか，フタロシアニンやアモルファスシリコンなどが使用されている．

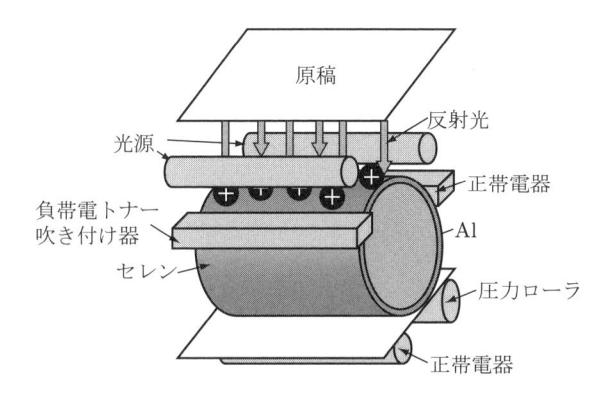

図 6.13　複写機の構造

6.12　オゾナイザー

　オゾン発生の基本原理を図 6.14 に示す．ガラスなどの絶縁体で被覆した電極間に交流電圧を印加し，電極間で放電を発生させると，絶縁体による電流の抑制効果により青白い微弱なスパーク状の放電が電極間に発生する．このスパーク状の放電は，放電エネルギーが小さく発熱も少なく，放電音も静かなことから**無声放電**とよばれている．電極間に空気（あるいは酸素ガス）を流すと，電界で加速された電子は酸素分子（O_2）に衝突して活性な酸素原子（O）（O ラジカル）が生成され，O_2 分子と化学反応してオゾン（O_3）を生成することができる．

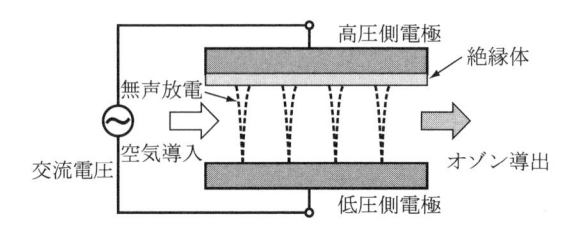

$$O_2 \to 2O, \quad O_2 + O \to O_3$$

図 6.14　オゾン発生の基本原理

このように，無声放電でオゾンを生成する装置をオゾナイザーという．O_3分子は不安定なため酸化力が強く，殺菌作用，浄化作用がある．よって，水の浄化，殺菌などに利用されており，塩素と異なり処理後の水に残留しない事から，環境負荷を軽減することができる．

演習問題 6

1. 高電界応用の範囲について述べよ．
2. 表面電界ディスプレイの原理を述べよ．
3. 複写機の原理を述べよ．
4. 第6章で学んだ各種装置のどこに高電界現象が応用されているか述べよ．
5. オゾナイザーの原理，用途を述べよ．
6. 誘電加熱において発熱による電力を求めよ．また，単位体積あたりの電力はいくらになるか．

コラム　単一電子トランジスタ

従来のトランジスタでは電流のオン・オフを切り替える（スイッチング）のに約十万個の電子を必要とするのに対し，単一電子トランジスタは入力端の電子数を1個変化させるだけで，電流が切り替えられる究極の電子素子である．この素子を用いると，切り替えに必要な消費電力は，従来の10万分の1に低減できる．単一電子トランジスタの動作原理を図に示す．電子を閉じ込める「電荷島」という空間を10 nm程度で形成し，そのまわりはトンネル効果が起きる程度に薄い絶縁膜（トンネル接合）ではさみ，ソース-ドレイン電極間に配置する．ソース-ドレイン間の電圧がある閾値を超えるまでは，ソースから電荷島に電子は移動しないが，閾値電圧以上になると1個の電子がソースから電荷島に移動するようになる．すなわち，電子1個の静電エネルギーより小さい電圧ではトンネルしない現象で，この現象を"クーロンブロッケード"という．これは，ナノ領域で起こる特殊な現象で，電子1個でスイッチング動作を行うことができる．1999年にはNTTがシリコン単一電子トランジスタを2個並べたインバータ回路の試作に世界ではじめて成功した．

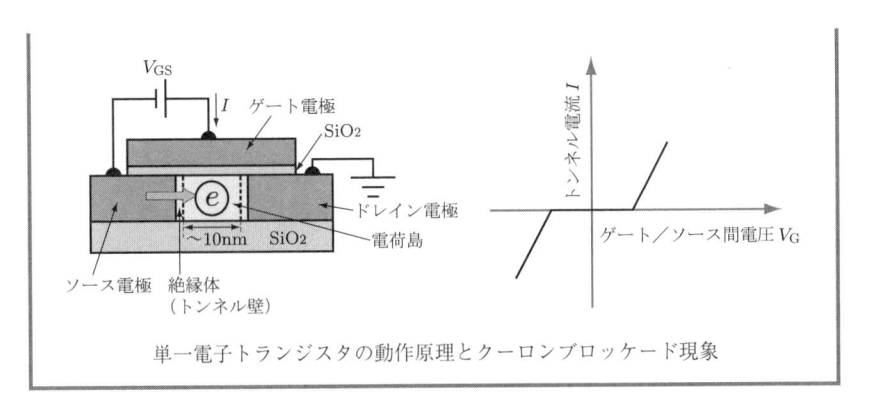

単一電子トランジスタの動作原理とクーロンブロッケード現象

演習問題解答

演習問題 1

1 1.3 節参照．送電時の電力伝送損失は，RI^2 で表される．ここで，R は送電線の抵抗，I は電流である．したがって，電流 I を小さくすれば，電力伝送損失が減少する．伝送電力を一定とすると，送電電圧 V を上げればよい．もちろん，鉄塔の建設費などの設備投資は送電電圧を上げると高騰するが，送電時に生じる伝送損失のほうが大きいので，送電電圧を高める方法をとる．

2 1.3 節参照

演習問題 2

1 ガウスの法則から

$$E \int_s ds = E \cdot 2\pi x l = \frac{Q}{\varepsilon_0} \quad (l \text{ は円筒の長さとする})$$

となる．同軸円筒間の電位差 V は，

$$V = -\int_R^{r_0} E \, dr = -\frac{Q}{2\pi\varepsilon_0 l} \int_R^{r_0} \frac{1}{x} \, dr = \frac{Q}{2\pi\varepsilon_0 l} \ln \frac{R}{r_0}$$

である．したがって，軸上電界として，

$$E = \frac{V}{x \ln \dfrac{R}{r_0}}$$

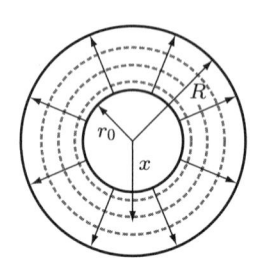

解図 2.1

が得られる.解図 2.1 に電界の様子を示す.$x = r_0$ のとき電界は最大となるので,最大電界 $E_{\max}$ は,

$$E_{\max} = \frac{V}{r_0 \ln \dfrac{R}{r_0}}$$

となる.

2 2.3.2 項参照.

3 点 A と点 B の中点を原点 O とする x-y 座標系を考える.いま,平面上に任意の点 $P(x,y)$ をとり,点 A までの距離を r_A,点 B までの距離を r_B,線分 PA と x 軸のなす角を θ_A,線分 PB と x 軸のなす角を θ_B とすると,点 P の電位 V は,

$$V = \frac{q}{4\pi\varepsilon_0}\left(-\frac{1}{r_A} + \frac{1}{r_B}\right)$$

で表される.したがって,等電位面を表す式は,

$$\frac{1}{r_A} - \frac{1}{r_B} = 一定$$

である.また,点 P を通る電気力線の方程式は,2.3.1 項の例題から,

$$-q\cos\theta_A + q\cos\theta_B = 一定$$

であるので,

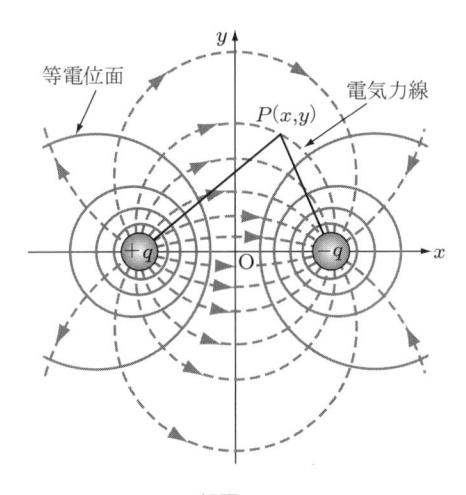

解図 2.2

$$-\cos\theta_A + \cos\theta_B = -\frac{x-a}{r_A} + \frac{x+a}{r_B} = 一定$$

となる．これらの式から，等電位面，電気力線を知ることができ，概略を解図 2.2 に示した．

演習問題 3

1 解図 3.1 に示す電極構成で，電極間の単位体積（$1\,\mathrm{cm}^3$）あたりに毎秒発生するイオン対数を q とすると，断面 a-a$'$ の負極側に毎秒発生するイオン対の数は，電極面積を S とすると qxS である．ここで，x は断面 a-a$'$ の負電極からの距離を示す．このうち，正イオンは負極に放電して負イオンのみが断面 a-a$'$ を横切る．同様のことが正極側でも起こり，毎秒断面 a-a$'$ を横切る正イオン数は，$q(d-x)S$ となる．したがって，断面 a-a$'$ を通過する全飽和電流 I_S は，

$$I_S = eqxS + eq(d-x)S = eqdS$$

となる．したがって，電流密度 I_0 は，$I_0 = eqd$ で与えられるので，$e = 1.602 \times 10^{-19}$ C，$q = 10^7$，$d = 5$ cm を代入すると，

$$I_0 = eqd = 8.025 \times 10^{-12}\,[\mathrm{A/cm^2}]$$

と求まる．

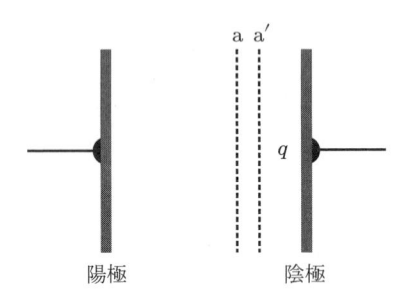

解図 3.1

2 低気圧グロー放電の電圧-電流特性は解図 3.2 のようになる．ここで，V_S は放電開始電圧である．グロー放電は放電開始電圧以降で起こり，電流の増加にともない放電電圧が低下し図の点 A（放電維持電圧）にいたる．点 A から点 B までは放電電圧は一定であり，放電管の定電圧特性として利用されている．点 B を過ぎると異常グロー放電となり最終的にはアーク放電にいたる．いま，回路の抵抗が小さく，

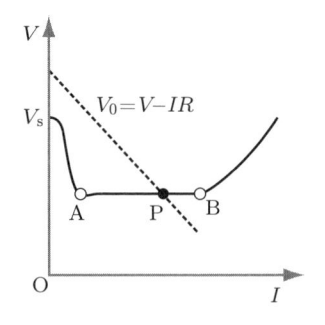

解図 3.2

電源電圧 V が V_S より大きいときグロー放電が生じると V に相当する放電電流 I はかなり大きくなり，ただちにアーク放電に移行する．これを防ぐため，直列抵抗 R を挿入して電流を制限すると，放電管の電極間電圧 V_0 は $V_0 = V - IR$ に従って低下するので，図の電圧－電流特性との交点 P で安定なグロー放電を起こすことができる．したがって，グロー放電を安定に維持するためには電源と直列に高抵抗を接続し，電流を制限すればよいことになる．

3 3.1.3 項参照．また，外部光電効果による電子放出を考えるとき，以下のようにして求めることもできる．

いま，イオン 1 個が陰極に衝突して γ 個の電子を放出し，全体として n_0 個の電子を陰極から放出したとする．この電子が衝突イオン化して陽極に達する数を n とすれば，

$$n_\mathrm{r} = n - n_0 = n_0 e^{\alpha d} - n_0 = n_0(e^{\alpha d} - 1)$$

で与えられる．ここで，n_r は衝突イオン化の過程において発生した電子数である．陰極からの電子 n_0 は，外部光電効果による電子数を n_p，陽イオンの衝突による電子数を n_i とすると，$n_0 = n_\mathrm{p} + n_\mathrm{i}$ で与えられる．ここで，n_i は $n_0(e^{\alpha d} - 1)$ に比例するので，γ を陽イオン 1 個たりに放出される平均二次電子数とすると，

$$n_\mathrm{e} = \gamma n_\mathrm{r} = n_0(e^{\alpha d} - 1)\gamma$$

となるので，

$$n_\mathrm{p} = n_0 - n_\mathrm{i} = n_0 - \gamma n_0(e^{\alpha d} - 1) = n_0\{1 - \gamma(e^{\alpha d} - 1)\}$$

を得る．ゆえに，

$$n_0 = \frac{n_\mathrm{p}}{1 - \gamma(e^{\alpha d} - 1)}$$

と求まる．ここで，$n = n_0 e^{\alpha d}$ だから，

$$n = \frac{n_p e^{\alpha d}}{1 - \gamma(e^{\alpha d} - 1)}$$

となる．n_p は外部光電効果による電子数で n_0 に等しいから，

$$n = \frac{n_0 e^{\alpha d}}{1 - \gamma(e^{\alpha d} - 1)}$$

を得る．したがって，α 作用と γ 作用に基づく電極間の電流密度 I_0 は，i_0 を陰極面の照射による電子電流密度とすると，

$$I_0 = i_0 \frac{e^{\alpha d}}{1 - \gamma(e^{\alpha d} - 1)}$$

と求まる．このとき，電極間が火花放電する条件としては，I_0 が無限大，すなわち分母 $= 0$ となればよいので，$1 - \gamma(e^{\alpha d} - 1) = 0$ すなわち $\gamma = \dfrac{1}{e^{\alpha d} - 1}$ が成立すればよい．

4 3.1.3 項参照．また，そのとき最低火花電圧 $V_{\min}$ は，

$$V_{\min} = 2.718 \frac{B}{A} \ln\left(1 + \frac{1}{\gamma}\right)$$

と求められ，pd は

$$pd = \frac{2.718 \ln\left(1 + \dfrac{1}{\gamma}\right)}{A}$$

となる．

5 3.4.2 項参照

6 正コロナ
- グローコロナ：高電界部に紫色の光点が認められる．
- ブラシコロナ：不安定であるが長く伸びたコロナで，高周波の振動を含む電流が流れる．
- 払子コロナ：ストリーマコロナともいう．コロナの発光部が電極間を橋絡したようにみえる放電形式で，細い光条が集合して明滅している．

負コロナ
ブラシコロナに似ているが正コロナほど著しく伸びないのでその性質はよくわかっていない．
なおブラシコロナおよび払子コロナは，湿度が高いと進展が抑制される傾向があ

るので，グローコロナからただちに火花放電にいたる場合には，湿度の影響を受けないが，ブラシコロナまたは払子コロナを経由して火花放電に移行する場合には，湿度が高ければ火花電圧が上昇する．

7 コロナの発生条件は，(1) 電界分布が不均一であり，(2) コロナの発生によって最大電界が減少すること，である．ここで，(1) の条件は同軸円筒電極の場合放射状となるので満たしている．(2) の条件について，同軸円筒の軸上電界 E は

$$E = \frac{V}{x \ln \frac{R}{r_0}}$$

で，最大電界 $E_{\max}$ は，$r = r_0$ の内部円筒導体表面で，

$$E_{\max} = \frac{V}{r_0 \ln \frac{R}{r_0}}$$

である（演習問題 2 **1** 参照）．したがって，コロナは内部円筒導体表面で発生することがわかるので，このときの電界分布は，内部円筒導体の半径が r_0 から r' に増大したとみなすことができる．したがって，コロナが発生したとき，最大電界が減少するか否かは，$\left(\frac{dE_{\max}}{dr_0}\right) < 0$ の条件を満たすか否かを検討すればよい．すなわち，$\left(\frac{dE_{\max}}{dr_0}\right)_{x=r_0} = 0$ から

$$\left(\frac{dE}{dr_0}\right) = \frac{V\left(1 - \ln \frac{R}{r_0}\right)}{\left(\frac{r_0 \ln R}{r_0}\right)^2} = 0$$

なので，$1 - \ln(R/r_0) = 0$ すなわち，$R/r_0 = e = 2.718$ と求まる．したがって，R/r_0 が 2.718 より大であれば (2) の条件は満足され，コロナが発生したのち火花放電することになる．R/r_0 が 2.718 より小であればコロナを経由せず火花放電する．実験では，$R/r_0 > 3$ ならコロナが発生し，$R/r_0 < 3$ では発生しないことが知られており，上述の理論結果と比較的よく一致していることがわかる．

8 3.1.3 項参照
9 液体絶縁体としての変圧器油の具備すべき性質は以下のようになる．
- 化学的に安定であること．
- 粘度が低く流動性があり，冷却作用が大きいこと．
- 絶縁耐力が大きいこと．
- 絶縁抵抗が大きいこと．
- 不純物の含有量が少なく，高温で析出物を生じたり，劣化しないこと．

- 引火点が高いこと

演習問題 4

1 4.1.2 項参照
2 解図 4.1 に示した静電電圧計において,

$$F = -\frac{\partial W}{\partial l} = \frac{\varepsilon S(V_1 - V_2)^2}{2l^2} = \frac{\varepsilon_0 \varepsilon_s S(V_1 - V_2)^2}{2l^2}$$

となる吸引力 F が得られるので，電圧と吸引力の関係は

$$V = V_1 - V_2 = l\sqrt{\frac{2F}{\varepsilon S}} = l\sqrt{\frac{2F}{\varepsilon_0 \varepsilon_s S}}$$

となる（4.4.2 項参照）．

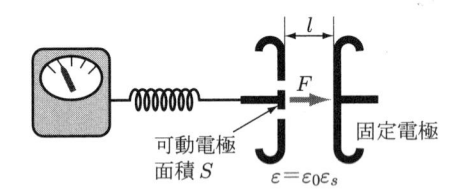

解図 4.1

一方，電極間距離が一定で，どちらかの電極が回転する構造の電圧計では，トルク T は回転角を θ とすると，

$$T = \frac{\partial W}{\partial \theta} = \frac{\varepsilon}{l}(V_1 - V_2)^2 \frac{dS}{d\theta}$$

で与えられる．
したがって，F および T を大きくするには，「電極間の面積 S を大きくする」「電極間距離 l を小さくする」「誘電率 $\varepsilon = \varepsilon_0 \varepsilon_s$ を大きくする」ことが考えられる．電極間の誘電体の種類によっては，温度や湿度の影響を受ける．また，静電界の影響を受けるので静電遮蔽が必要となる．

3 4.4.1 項参照.
4 4.4.3 項（式 (4.17)）
5 4.1.4 項参照.
6 4.4.1 項参照.

演習問題 5

1 コンデンサ C を挿入しないときの回路のインピーダンス $\dot{Z}_1$ は，$\dot{Z}_1 = R + j\omega L$，コンデンサ C のインピーダンス $\dot{Z}_2$ は，$\dot{Z}_2 = -j\dfrac{1}{\omega C}$ である．したがって，合成インピーダンス $\dot{Z}$ は，

$$\dot{Z} = \frac{(R/\omega^2 C^2) - j(1/\omega C)\{R^2 + \omega^2 L^2 - L/C\}}{R^2 + \{\omega L - (1/\omega C)\}^2}$$

となる．ここで，コンデンサを接続して力率を改善するためには，各部の電流ベクトルが解図 5.1 のような関係にあり，$\theta_1 > \theta_2$ となることが必要である．

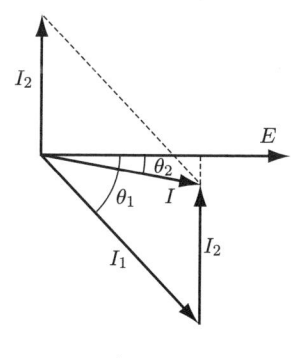

解図 5.1

すなわち，

$$\tan \theta_1 = \frac{\omega L}{R}, \qquad \tan \theta_2 = \frac{L/C - (R^2 + \omega^2 L^2)}{R/\omega C}$$

となる．このとき，力率が 1 になるためには電源電圧 E と回路電流 I の位相角 θ_2 が 0 となればよいので，$L/C - (R^2 + \omega^2 L^2) = 0$ から $C = L/(R^2 + \omega^2 L^2)$ のコンデンサを挿入すればよいことがわかる．

2 5.1.1 項および 5.2.1 項参照．

3 5.2.2 項および 5.3.1 項参照．

4 絶縁体が部分的に電気的な破壊を生じる過程の破壊路の痕跡を電気トリーといい，絶縁体中に水が存在する状態で電圧が印加された場合，ボイド（空隙）が形成されトリー状に配置するもので，電気化学的な作用が効いている．詳細は 5.1.2 項を参照のこと．

5 5.3.2 項参照．

6 5.3.1 項参照.

演習問題 6

1 149 ページ第 6 章の冒頭文参照
2 6.3 節参照
3 6.11 節参照
4 第 6 章参照
5 6.12 節参照
6 解図 6.1(a) に示す誘電体に実効値 V [V] の電圧を印加したとき, 図 (b) のベクトル図に示すように誘電体を流れる全電流 I [A] は充電電流成分 I_C [A] と損失電流成分 I_1 [A] の和で表されるので図 (c) のように抵抗 R [Ω] と静電容量 C [F] のコンデンサが並列接続された等価回路を表すことができる. 電源の各周波数を ω [rad/s]（周波数を f [Hz] とすると $\omega = 2\pi f$), コンデンサの電極面積 S [m^2], 電極間距離 d [m], 誘電体の誘電率 $\varepsilon^* = \varepsilon' - j\varepsilon''$ とすると,

$$C = \varepsilon' \frac{S}{d} = \varepsilon_0 \varepsilon_r \frac{S}{d} \ [\text{F}]$$

となる. ここで, ε_r は誘電体の比誘電率を示し, ε_0 は真空の誘電率で,

$$\varepsilon_0 = 8.854 \times 10^{-12} \ [\text{F/m}]$$

である. また,

$$I_C = \frac{V}{\frac{1}{\omega C}} = \frac{V}{\frac{1}{2\pi f C}} = 2\pi f C V, \qquad I_1 = \frac{V}{R}$$

となるので誘電損失角を δ とすると誘電正接 $\tan \delta$ は,

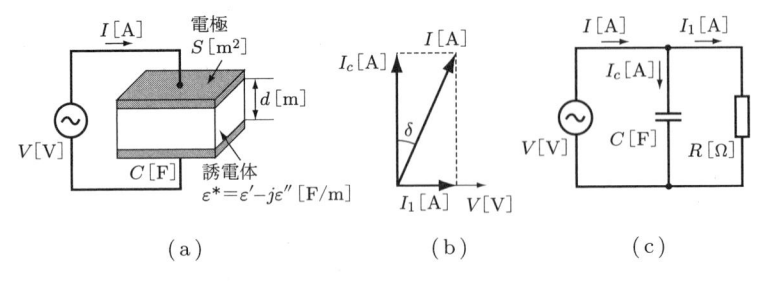

解図 6.1 誘電体を流れる電流のベクトル図と等価回路

$$\tan\delta = \frac{I_1}{I_C} = \frac{\varepsilon''}{\varepsilon'} = \frac{1}{2\pi fCR}$$

である.また,発熱による電力 P [W] は,

$$P = I_R V = R I_R^2 = \frac{V^2}{R} = V^2 2\pi fC \tan\delta = V^2 2\pi f \varepsilon_0 \varepsilon_r \frac{S}{d} \tan\delta \,[\text{W}]$$

となる.ここで,単位体積あたりの電力を P_0 [W] とすると,

$$\begin{aligned} P_0 &= \frac{P}{Sd} = \frac{V^2 2\pi f \varepsilon_0 \varepsilon_r \dfrac{S}{d} \tan\delta}{Sd} = \frac{V^2 2\pi f \varepsilon_0 \varepsilon_r \tan\delta}{d^2} \\ &= 5.56 \times 10^{-11} \left(\frac{V}{d}\right)^2 f \varepsilon_r \tan\delta \,[\text{W/m}^3] \end{aligned}$$

と求まる.言い換えれば発熱による単位体積あたりの電力 $\boldsymbol{P_0}$ [W] は,電界の大きさ $\boldsymbol{V/d}$ の 2 乗,周波数 $\boldsymbol{f}$,比誘電率 $\boldsymbol{\varepsilon_r}$,誘電正接 $\boldsymbol{\tan\delta}$ に比例することがわかる.なお,誘電加熱を考える際,$\boldsymbol{\varepsilon_r \tan\delta}$ をロスファクタとよび加熱しやすさの目安として用いる.

なお,誘電加熱の考え方は 2.2 節の誘電性のところに記述している.

参考文献

桜井良文，小西進，松波弘之，吉野勝美：「電気電子材料工学」，電気学会，1997年
岩本光正，小野田光宣，工藤一浩，杉村明彦：「電気電子材料工学」，オーム社，2004年
河野照哉，宅間董：「数値電界計算法」，コロナ社，1980年
河村達雄，河野照哉，柳父悟：「電気学会大学講座　高電圧工学　3版改訂」，電気学会，2005年
犬石嘉雄，中島達二，家田正之：「電気学会大学講座　誘電体現象論」，電気学会，1973年
吉野勝美，山下久直，鎌田譲，室岡義広：「液体エレクトロニクス」，コロナ社，1996年
鳳誠三郎，関口忠，河野照哉：「電気学会大学講座　電離気体論」，電気学会，1969年
原雅則，秋山秀典：「高電圧パルスパワー工学」，森北出版，1991年
秋山秀典：「高電圧パルスパワー工学」，オーム社，2003年
八田吉典：「気体放電」，近代科学社，1968年
饗庭貢：「新コロナシリーズ　雷の科学」，コロナ社，1990年
電気学会：「放電ハンドブック」，オーム社，1974年
電気学会：「高電圧試験ハンドブック」，電気学会，1983年
河野照哉：「電気・電子工学大系　系統絶縁論」，コロナ社，1984年
F.H. Kreuger著，岡田亨，内藤克彦訳：「部分放電検出」，コロナ社，1968年
電気学会：「電気設備の診断技術」，電気学会，1993年
電気共同研究会編：「劣化診断マニュアル」，電気書院，1991年
小崎正光：「インターユニバーシティ　高電圧・絶縁工学」，オーム社，1997年
植月唯夫，松原孝史，蓑田充志：「電気・電子系教科書シリーズ　高電圧工学」，コロナ社，2006年
林泉：「高電圧プラズマ工学」，丸善，1996年
田中正吾，山本尚武，西守克己：「基礎電気計測」，朝倉書店，1997年

●●● 付録　重要語解説 ●●●

　高電圧・絶縁システムでは重要でありながら，本書で具体的に説明していない重要な用語があるので，それらを説明する．50音順に列挙したので学習に役立ててほしい．

架空地線　　雷の送電線への直撃を防ぐために張られた，送電鉄塔の最上部に1本または2本の接地された線を架空地線という．階段状の前駆放電が地上に接近したとき，この地線に放電させ，その下部にある送電線を保護する．（関連 ▶ 1.1 節，3.5.2 項）

過電圧　　たとえば，平等電極間にある絶縁物にその絶縁破壊電圧より高い電圧が加わる場合，それを過電圧という．また，電力系統においては，雷サージ，開閉サージのように通常の運転電圧より高い電圧が加わる場合にそれを過電圧という．（関連 ▶ 4.1.1 項）

ガラス転移点　　高分子絶縁材料で高温で液状のものが，温度の低下と共にゴム状になり，さらに固いガラス状態になる．このガラス状態になる温度をガラス転移温度という．（関連 ▶ 3.3.5 項）

極性効果　　針-平板電極間にある空気の放電電圧は針電極の極性によって異なる．平行平板間の平等電界の場合には，極性効果が存在しないが，電極形状が異なるときにその電極に加わる電圧の極性に依存した放電電圧となる．（関連 ▶ 2.3.2 項）

極低温液体　　液体窒素，液体水素などの極低温液体は，常温の絶縁物以上の絶縁耐力をもっている．液体ヘリウムも絶縁材料として使うことができる．特に，超電導ケーブルや超電導機器においては，液体ヘリウムや液体窒素などが絶縁材料として重要になる．（関連 ▶ 3.2 節）

逆フラッシオーバー　　架空地線あるいは鉄塔に落雷すると，雷電流が鉄塔部を通って大地に流れる．このとき，鉄塔のインピーダンス，接地抵抗と雷電流の積によって，鉄塔の電位が異常に上昇する場合には，鉄塔部からがいしの沿面を通って送電線にまで放電が達することがある．これを逆フラッシオーバーという．（関連 ▶ 3.5.2 項）

付録　重要語解説

高周波放電　高周波領域においては，荷電粒子が相手の電極に達するまでに電圧の極性が変わるので，電極間の中程で荷電粒子が往復運動している状態が形成される．周波数が高くなると，イオントラップの状態に電子トラップが加わり，複雑な放電機構となる．一般的には，高周波数での放電電圧は低周波に比べて低下する傾向がある．（関連 ▶ 3.1 節）

コンディショニング効果　たとえば，平行平板電極間の気体の破壊電圧を求める場合，電極表面の物理的凹凸，あるいは酸化膜のために絶縁破壊電圧がばらつく．初期に予備放電をさせ，電極表面の状態を安定にさせることをコンディショニング効果という．（関連 ▶ 3.1 節）

進行波の速度　進行波がケーブルに侵入したとき，その速度は $v = C_0/\sqrt{\varepsilon_s \cdot \mu_s}$ であり，$\varepsilon_s > 1$ であるので光速に比べて遅くなる．また，架空線においては $\varepsilon_s = 1$ であるので進行波が光速で進行する．ただし，光速 $C_0 = 300\,(\mathrm{m/\mu s})$，比誘電率 ε_s，比透磁率 μ_s．（関連 ▶ 3.5.3 項）

絶縁協調　送電系統には母線，がいし，ブッシング，電力用変圧器，しゃ断器などが使用されている．これらの絶縁耐力は系統の異常電圧（雷サージ，開閉サージ）および避雷器の性能を考慮して総合的に合理的な絶縁設計が行われる．たとえば，絶縁耐力は高い順に並べると，母線，電力用変圧器，しゃ断器，がいし，避雷器となる．ここで，避雷器（ZnO）は異常電圧をその制限電圧まで下げる保護装置として不可欠なものである．（関連 ▶ 1.4 節）

着色中心　イオン性結晶に X 線を照射すると，格子欠陥や電子，正孔のトラップができて結晶が色づく．これを着色中心という．勿論，この構造変化は絶縁耐力に影響を及ぼす．（関連 ▶ 3.3 節）

電圧-時間（V-t）曲線　インパルス電圧の印加によって誘電体が絶縁破壊を起こす場合，電圧の印加によって火花が形成され，破壊にいたるまでには時間を要する．波形が一定（波頭長，波尾長が一定）で波高値が異なるインパルス電圧を印加したとき，放電までの時間と印加電圧の波高値との関係を示したものが，付図 1 の電圧-時間（V-t）曲線で，一般に右下がりの曲線となる．ここで，放電が波頭で起きれば，放電を生じた瞬間の電圧をとり，放電が波尾で起きれば波高値をとる．特に針-平板電極においては，その傾向が強い．合理的な絶縁協調のためには，各種機器の V-t 曲線が不可欠である．（関連 ▶ 5.2.2 項）

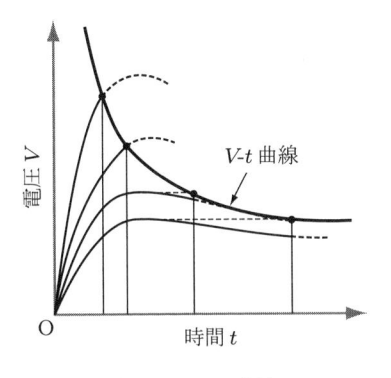

付図1　V–t 曲線

トリチェルコロナ　　負針対平板電極において印加電圧が低いときに観測されるコロナ放電．通常，数 kHz から数 100 kHz で，規則正しい間欠的なパルスコロナ電流が観測される．パルス電流の周波数は，針電極の先端曲率半径，気圧，電流などによって変化する．（関連 ▶ 3.1.5 項）

バスタブ曲線　　電力設備のように多数の部品から構成されている装置の故障率曲線（故障確率を縦軸とし，装置の使用時間 t を横軸として表示したもの）は，図に示すように，故障率がはじめは高く，次第に減少する初期故障期，続いてほぼ一定の故障率を示す偶発故障期，そして構成部品などの老化によって故障率が増加する摩耗故障期の三領域に分類できる．この特性が風呂桶（bath-tub）に似ていることから，バスタブ曲線とよばれ，電力設備の経年劣化に基づく信頼度評価や寿命予測などに用いられている．（関連 ▶ 5.1.1 項）

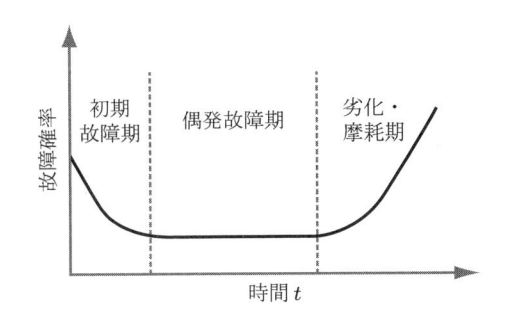

付図2　典型的な故障率曲線（バスタブ曲線）

避雷針　空中高く突き出た導体を導線で結び，接地電極につないだものが避雷針である．落雷をこの部分に導き，大電流を大地に流すことで，落雷の被害をくい止める．接地抵抗は $10\,\Omega$ 以下にしなければならない．なお，落雷からの保護範囲は避雷針の高さに依存する．（関連 ▶ 4.6.2 項）

面積効果　電極間に試料（固体，気体）を挟み，その破壊電圧を測定すると，一般に電極（試料）の面積が大きくなるほど，低い電圧で破壊する．これは電極間にある試料中の不純物，弱点の確率がその面積に依存するためである．（関連 ▶ 3.1 節，3.2 節，3.3 節）

流動帯電　変圧器などでは絶縁とともに冷却効果を得るために絶縁油が用いられ，内部を流動している．この絶縁油と周りの固体誘電体との間での摩擦によって帯電が起こる．この現象を流動帯電とよんでいる．流動帯電によって，機器内部の電界分布の乱れや放電の原因になる．（関連 ▶ 3.2 節，4.2 節，4.3 節，4.4 節）

ワルデン則　液体の粘度 η と，その中のイオンの移動度 μ の間には $\eta\mu = $ 一定 の関係がある．たとえば，イオンの移動度 μ は，粘度 η が小さくなると大きくなる．このような両者の関係をワルデン則という．（関連 ▶ 3.2 節）

Time of flight method（走行時間法）　誘電体内において電流を担う電荷の種類やその移動度を測定する方法．誘電体で満たされた電極間に直流電界を印加し，さらにパルス状の高電界，紫外線などを印加して，陰極面から誘電体に電荷（この場合電子）を注入し，印加された直流電界により陽極に向って移動し電流が流れる．この電流の時間変化からわかる走行時間より移動度が測定される．（関連 ▶ 3.3 節）

さくいん

■ 英数
- 10°C 則 · 127
- 40 世代理論 · · · · · · · · · · · · · · · · · · · 63
- 50%火花電圧 · · · · · · · · · · · · · · · · · 109
- CV ケーブル · 4
- MOS FET · 5
- SF_6 · 50

■ あ 行
- アーク放電 · 46
- 圧力波法 · 120
- α 作用 · 47
- アレスタ · 69
- イオン伝導 · 19
- 移動速度 · 45
- 陰極加熱説 · 53
- インパルス · 87
- インパルス電圧 · · · · · · · · · · · · · · · · 87
- インパルス電流 · · · · · · · · · · · · · · · · 87
- インパルス熱破壊 · · · · · · · · · · · · · · 64
- 液晶ディスプレイ · · · · · · · · · · · · · 153
- エキスパートシステム · · · · · · · · · 146
- エネルギー準位 · · · · · · · · · · · · · · · · 43
- 沿面放電 · 78
- オゾナイザー · · · · · · · · · · · · · · · · · · 80

■ か 行
- 界面分極 · 67
- 界雷 · 82
- 化学トリー · · · · · · · · · · · · · · 129, 131
- 拡散 · 45
- ガス絶縁変電所 · · · · · · · · · · · · · · · · · 4
- 加速劣化試験 · · · · · · · · · · · · · · · · · 135
- 過電圧 · 87
- 壁電荷 · 77
- 夏雷 · 82
- ガラス転移点 · · · · · · · · · · · · · · · · · · 65
- γ 作用 · 47
- 緩和現象 · 23
- 機械的劣化 · · · · · · · · · · · · · · · · · · · 128
- 基底状態 · 43
- 気泡 · 57
- 規約原点 · 88
- 逆フラッシオーバ · · · · · · · · · · · · · · 83
- 吸収電流 · 59
- 共通接地 · 118
- 共面型バリア放電 · · · · · · · · · · · · · · 77
- 空間電荷 · · · · · · · · · · · · · · · · · · 50, 119
- 空気清浄機 · · · · · · · · · · · · · · · · · · · 159
- 偶存電子 · 46
- 偶発故障期 · · · · · · · · · · · · · · · · · · · 126
- クーロンの法則 · · · · · · · · · · · · · · · · · 9
- クランプ説 · 53
- グローコロナ · · · · · · · · · · · · · · · · · · 52
- クローバ回路 · · · · · · · · · · · · · · · · · · 95
- クローバスイッチ · · · · · · · · · · · · · · 95
- グロー放電 · 46
- 蛍光放電管 · · · · · · · · · · · · · · · · · · · 149
- 結合コンデンサ · · · · · · · · · · · · · · · 138
- 原子分極 · 19
- 検出インピーダンス · · · · · · · · · · · 138
- コールラウシュブリッジ · · · · · · · 115
- コッククロフト-ウォルトン回路 · · · · · 102
- コロナ開始電圧 · · · · · · · · · · · · · · · · 52
- コロナ放電 · 52
- コンディショニング · · · · · · · · · · · · 53

■ さ 行
- サージインピーダンス · · · · · · · · · 105
- 再結合 · 45
- 雑音電圧 · 16
- 差分法 · 37

三重点	79
三層誘電体	74
三点ギャップ	93
磁界の強さ	13
試験用変圧器	96
事故時誘導電圧	16
仕事関数	56
自己復帰	60
自続放電	46
自復性	60
遮断器	113
シャント抵抗	110
集合電子近似	61
縦続接続方式	97
自由電荷	20
シューマンの条件式	49
寿命係数	135
準安定状態	43
瞬時充電電流	59
消弧	113
常時誘導電圧	16
衝突電離	45
衝突電離係数	47
衝突電離作用	47
初期故障期	126
初期電子	46
ショットキー効果	55
磁力線	14
真空放電	53
真性破壊	60
真電荷	21
ストリーマコロナ	52
ストリーマ理論	51
正イオン柱	51
整合	105
静電気	2, 8
静電電圧計	106
絶縁協調	5
絶縁耐力試験	133
絶縁抵抗	116
絶縁特性試験	133
絶縁破壊	46
絶縁破壊強度	55
絶縁破壊電界	55
絶縁劣化	127
絶縁劣化診断	137
接地抵抗	114
前駆放電	82
双極子モーメント	19
側撃	85

■ た 行

体積型バリア放電	77
帯電	8
タウンゼントの第 1 係数	47
タウンゼントの火花放電条件	49
タウンゼント理論	46
単一電子近似	61
遅延現象	23
超音波	146
直撃雷	84
ツェナー破壊	63
抵抗分圧器	104
抵抗容量分圧器	104
定常熱破壊	64
電位	32
電界	10, 32
電界交差形	79
電界集中	36
電界平行形	79
電界放出ディスプレイ	151
電荷重畳法	37
電気泳動現象	131
電気化学劣化	128
電気集塵装置	158
電気双極子	19
電気的負性気体	50
電気トリー	129
電気力線	11, 33
電気力線密度	12

電子伝導	19
電子なだれ	47, 55, 62
電子付着	50
電子分極	19
電子ペーパー	156
電磁誘導現象	15
電磁誘導障害	16
電子レンジ	159
電束	12
電束密度	12
電離	43
電離エネルギー	44
電離電圧	44
等電位ボンディング	117
等電位面	33, 34
冬雷	82
トラッキング	78
トリーイング破壊	128
トリチェルパルス	52

■ な 行

二次電子放出係数	47
二次電子放出作用	47
二層誘電体	67
熱雷	82
熱劣化	127
燃料電池	156

■ は 行

配向分極	20
倍電圧発生回路	92
波高値	88
波高電圧計	108
パッシェン曲線	50
パッシェンの法則	50
パッシェンミニマム	50
バブル	57
パルス静電応力法	120
バン・デ・グラーフ	98
非自続放電	45
非自復性	60
火花電圧	46
比誘電率	22
標準開閉インパルス電圧	96
標準雷インパルス電圧	88
標準球	109
平等電界	36
表面コーティング	53
表面電界ディスプレイ	152
表面電荷法	37
ビラード回路	101
避雷器	69
避雷針	117
ファラデーゲージの作用	119
ファラデー効果	113
ファラデーの電磁誘導の法則	15
複合誘電体	67
複写機	160
複素誘電率	24
不平等電界	36
部分放電	52, 137, 144
ブラシコロナ	52
プラズマディスプレイ	80, 150
フラッシオーバ	78
分圧器	103
分極電荷	20
分流器	110
平均自由行程	55
ポアソンの方程式	33
ボイド	75
ボイド放電	75
放電開始電圧	52
放電電荷量	138
放電電力	138
放電劣化	128
ボーアの量子化条件	42
ホール起電力	113
ホール効果	113
ホール素子	112
払子コロナ	52

■ ま 行

- マクスウェル応力 ･･････････････ 65
- マルクス回路 ･･････････････････ 91
- 水トリー ････････････････････ 130
- 脈動 ････････････････････････ 100
- ムーアの法則 ･･････････････････ 5
- 無声放電 ････････････････････ 161
- 漏れ電流 ･････････････････････ 59

■ や 行

- 有機電界発光ディスプレイ ････ 154
- 有限要素法 ･･･････････････････ 37
- 有孔半球ギャップ ･････････････ 93
- 誘電加熱 ････････････････････ 159
- 誘電正接 ･････････････････････ 24
- 誘電損角 ･････････････････････ 24
- 誘電損率 ･････････････････････ 24
- 誘電体バリア放電 ･････････････ 77
- 誘電率 ･････････････････････････ 9
- 誘導起電力 ･･･････････････････ 15
- 誘導電流 ･････････････････････ 15
- 誘導雷 ･･･････････････････････ 84
- 陽極加熱説 ･･･････････････････ 53
- 容量分圧器 ･･････････････････ 104

■ ら 行

- 雷過電圧 ･････････････････････ 87
- ラプラスの方程式 ･････････････ 33
- リップル ････････････････････ 100
- 量子数 ･･･････････････････････ 42
- 励起 ･････････････････････････ 43
- 励起エネルギー ･･･････････････ 43
- 励起状態 ･････････････････････ 43
- 励起電圧 ･････････････････････ 43
- レンツの法則 ･････････････････ 15
- 六フッ化硫黄 ･････････････････ 50
- ロゴウスキー ･････････････････ 36
- ロゴウスキーコイル ･････････ 111

■ わ 行

- ワイブル分布 ････････････････ 135

監修者略歴

吉野　勝美（よしの・かつみ）
- 1964 年　大阪大学工学部電気工学科卒業
- 1988 年　大阪大学教授
- 2005 年　大阪大学名誉教授
　　　　　島根大学客員教授，長崎総合科学大学特任教授
　　　　　島根県産業技術センター顧問
　　　　　現在に至る．工学博士

著者略歴

小野田　光宣（おのだ・みつよし）
- 1977 年　姫路工業大学大学院修士課程修了
- 2000 年　姫路工業大学教授
- 2004 年　兵庫県立大学大学院教授
　　　　　現在に至る．工学博士

中山　博史（なかやま・ひろし）
- 1965 年　姫路工業大学電気工学科卒業
- 1991 年　姫路工業大学教授
- 2004 年　兵庫県立大学大学院教授
- 2008 年　兵庫県立大学名誉教授，特任教授（〜2013 年）
　　　　　現在に至る．工学博士

上野　秀樹（うえの・ひでき）
- 1988 年　大阪大学大学院博士後期課程修了
- 1997 年　姫路工業大学助教授
- 2004 年　兵庫県立大学大学院助教授
- 2009 年　兵庫県立大学大学院教授
　　　　　現在に至る．工学博士

高電圧・絶縁システム入門　　　　Ⓒ 吉野勝美・小野田光宣・　2007
　　　　　　　　　　　　　　　　　　中山博史・上野秀樹

2007 年 4 月 20 日　第 1 版第 1 刷発行　　【本書の無断転載を禁ず】
2018 年 3 月　9 日　第 1 版第 3 刷発行

監 修 者　吉野勝美
著　　者　小野田光宣・中山博史・上野秀樹
発 行 者　森北博巳
発 行 所　森北出版株式会社
　　　　　東京都千代田区富士見 1-4-11（〒102-0071）
　　　　　電話 03-3265-8341 ／ FAX 03-3264-8709
　　　　　http://www.morikita.co.jp/
　　　　　日本書籍出版協会・自然科学書協会　会員
　　　　　JCOPY＜（社）出版者著作権管理機構　委託出版物＞

落丁・乱丁本はお取替えいたします　　印刷／モリモト印刷・製本／協栄製本
　　　　　　　　　　　　　　　　　　組版／株式会社プレイン　http://www.plain.jp/

Printed in Japan ／ ISBN978-4-627-74261-1

MEMO